Lecture Notes in Mathematics

An informal series of special lectures, seminars and reports on mathematical topics

Edited by A. Dold, Heidelberg and B. Eckmann, Zürich

18

H.-B. Brinkmann

nach einer Vorlesung von

D. Puppe

Universität des Saarlandes, Saarbrücken

Kategorien und Funktoren

1966

Springer-Verlag · Berlin · Heidelberg · New York

Library of Congress Catalog Card Number 66–25193. Title No. 7338.

V O R W O R T

Im Sommersemester 1963 habe ich an der Universität des Saarlandes eine zweistündige Vorlesung über "Kategorien und Funktoren" gehalten. In Anlehnung an diese Vorlesung hat Herr Dr. Brinkmann die vorliegende Ausarbeitung verfaßt. Er ist dabei an mehreren Stellen erheblich über den von mir vorgetragenen Stoff hinausgegangen. So stammt z.B. der ganze Abschnitt 1 über Logik und Mengenlehre von ihm. In der Vorlesung wurden diese Dinge nur kurz erwähnt. Auch das Dualitätsprinzip (2.1 - 2.4) wurde nicht so streng formalisiert wie hier. Der Inhalt der übrigen Teile stimmt in groben Zügen mit der Vorlesung überein, im einzelnen hat Herr Dr. Brinkmann die Theorie aber noch systematischer aufgebaut und viele Ergänzungen eingefügt.

Herr Reiter hat das Manuskript nochmals genau durchgesehen und in einigen Einzelheiten verbessert. Unter seiner Aufsicht wurde es von Fräulein Kurtzemann mit der Maschine geschrieben. Je einen Teil der endgültigen Fassung haben die Herren Dipl.-Math. End, Fritsch und Dipl.-Math. Kamps auf Schreibfehler und Versehen geprüft.
Ich danke allen Beteiligten für ihre Arbeit.

Unter dem Titel "Abelsche Kategorien" ist eine Fortsetzung dieser Ausarbeitung geplant.

Saarbrücken, im März 1966

D. Puppe

Einleitung und Überblick

Einleitung: Die Theorie der Kategorien hat sich aus dem Bestreben entwickelt, den Begriff der natürlichen Transformation präzise zu formulieren. Wir erläutern das an einem Beispiel (Freyd [14]). Für eine eingehendere Motivation und viele weitere Beispiele sei besonders auf die ursprüngliche Arbeit von Eilenberg-Mac Lane [12] verwiesen, die auch zur Einführung besonders gut geeignet ist.

Für jeden Vektorraum V über einem Körper K hat man den „dualen" Vektorraum LV über K, der aus allen K-linearen Abbildungen $V \longrightarrow K$ von V in K besteht. Ist V endlich-dimensional über K, so hat bekanntlich LV dieselbe Dimension wie V, und V und LV sind isomorph. Man kann eine Isomorphie herstellen, indem man zu V eine Basis $(a_1,\ldots,a_n)$ wählt und in LV die durch $u_i a_j = \delta_{ij} \in K$ mit

$$\delta_{ij} = \begin{cases} 0, & i \neq j \\ 1, & i = j \end{cases}$$

ausgezeichneten Elemente $u_1,\ldots,u_n$ betrachtet. $(u_1,\ldots,u_n)$ ist bekanntlich eine Basis von LV. Die Zuordnung $(a_i \longmapsto u_i \mid i = 1,\ldots,n)$ definiert eine Isomorphie $V \longrightarrow LV$, die wir mit $s(V;a_1,\ldots,a_n)$ bezeichnen. Man bestätigt leicht, daß s wesentlich von der Wahl der Basis $(a_1,\ldots,a_n)$ abhängt. Ist V nicht endlich-dimensional, so kann man gleichermaßen vorgehen und zu jeder Basis B von V eine K-lineare Abbildung $s(V;B):V \longrightarrow LV$ definieren. Der Kern von $s(V;B)$ ist $0 \subset V$, jedoch erhält man nicht alle Elemente von LV als Bild unter s.
Betrachten wir außerdem K-lineare Abbildungen $f:V \longrightarrow W$ von K-Vektorräumen, so prüft man leicht nach, daß man durch die Definition $(Lf)v := vf$ $(W \xrightarrow{f} V \xrightarrow{v} K)$ eine K-lineare Abbildung $Lf:LV \longrightarrow LW$ erhält. Da hierbei $L1_V = 1_{LV}$ (Identische Abbildung von V bzw. LV) und $L(gf)=(Lf)(Lg)$ gilt, nennt man L einen Funktor von K-Vektorräumen und K-linearen Abbildungen in K-Vektorräume und K-lineare Abbildungen. Die K-Vektorräume und ihre K-linearen Abbildungen faßt man dabei als ein mathematisches Objekt, eine Kategorie, auf. Man beachte, daß die Definition von L nichts miteiner Basiswahl in V zu tun hat, sondern nur die Definition der $s(V;a_1,\ldots,a_n):V \longrightarrow LV$. Die Beschränkung von L auf endlich-dimensionale K-Vektorräume liefert einen Funktor in endlich-dimensionale K-Vektorräume. Bildet man LL (Nacheinanderausführen), so gilt wieder $LL1_V = 1_{LLV}$, jedoch $LL(gf) = L((Lf)(Lg)) = (LLg)(LLf)$. Man spricht von einem kovarianten Funktor und nennt im Gegensatz hierzu L einen kontravarianten Funktor.

Für endlich-dimensionale V ist offenbar V mit LLV isomorph, und wir zeigen, daß hier eine basisunabhängige Isomorphie existiert: Wir definieren für jeden K-Vektorraum V eine K-lineare Abbildung $tV:V \longrightarrow LLV$ durch Angabe der Wirkung von $(tV)v \in LLV$ (bei $v \in V$) auf $w \in LV$, nämlich $((tV)v)w := wv$. Man bestätigt leicht, daß tV für jedes V K-linear ist und den Kern 0 hat. Ist V endlich-dimensional, so ist tV demnach isomorph. Offenbar ist tV basisunabhängig definiert. Die für uns interessanteste Eigenschaft von t ist, daß für jede K-lineare Abbildung $f:V \longrightarrow W$ von K-Vektorräumen das „Diagramm"

(Diagramm 1)

$$\begin{array}{ccc} V & \xrightarrow{f} & W \\ {\scriptstyle tV}\downarrow & & \downarrow{\scriptstyle tW} \\ LLV & \xrightarrow[LLf]{} & LLW \end{array}$$

kommutativ ist, was $(LLf)(tV)v = (tW)fv$ für jedes $v \in V$ bedeuten soll. Die Nachprüfung ist einfach: Man rechnet für $w \in LW$ aus, daß $(((LLf)t)v)w = ((tv)(Lf))w = (tv)(wf) = (wf)v = w(fv) = ((tv)f)w$ ist. Die Zuordnung $V \longmapsto V$, $f \longmapsto f$ nennt man den identischen Funktor „1" von K-Vektorräumen in K-Vektorräume; t heißt wegen der Kommutativität des obigen Diagramms eine natürliche Transformation $t:1 \longrightarrow LL$ des identischen Funktors in LL; für endlich-dimensionales V ist tV eine Isomorphie (=: Äquivalenz), daher nennt man die entsprechende Beschränkung von t eine natürliche Äquivalenz $1 \longrightarrow LL$ der auf endlich-dimensionale beschränkten Funktoren 1 und LL.

Sucht man bei endlich-dimensionalen V, W für L nach einem Diagramm, das dem Diagramm 1 entspricht, so wird man auf

$$\begin{array}{ccc} V & \overset{f}{- - \rightarrow} & W \\ {\scriptstyle sV}\downarrow & & \downarrow{\scriptstyle sW} \\ LV & \overset{Lf}{\leftarrow - -} & LW \end{array}$$

geführt, wo wir annehmen wollen, daß sV, sW irgendwelche Isomorphismen sind. Für $V \neq 0$, $W=0$ kann das Diagramm

$$\begin{array}{ccc} 0 \neq V & - - - \rightarrow & 0 \\ {\scriptstyle \cong}\downarrow & & \downarrow{\scriptstyle =} \\ LV & \leftarrow - - - & 0 \end{array}$$

nicht kommutativ sein. Die Isomorphie $V \cong LV$ ist also nicht „natürlich". Selbst wenn man für f nur Automorphismen von $V = W$ zuläßt, ist es nicht möglich, einen Isomorphismus $sV = sW$ zu finden, der das Diagramm kommutativ macht (vorausgesetzt, daß (a) $\dim V \geq 2$ oder (b) $\dim V = 1$ und K nicht Primkörper der Charakteristik 2 oder 3 ist).

Überblick: Im Abschnitt 0. bringen wir einleitend die Definitionen von Kategorien und Funktoren in einer den Anwendungen angepaßten Form sowie eine Reihe von Beispielen. Im Gegensatz zu den meisten anderen Teilgebieten der Mathematik zwingt die Kategorientheorie sehr bald dazu, die verwendete Mengenlehre zu präzisieren. Daher wird in 1. eine axiomatische Mengenlehre entwickelt, die für die Kategorientheorie heute als günstigste erscheint. Wir stützen uns auf die formale Mathematik und Mengenlehre von Bourbaki [2], [3] und erweitern sie nach einem Vorschlag von Grothendieck (s. Gabriel [15]) und Sonner [34] durch ein Axiom, das die Existenz von hinreichend vielen „Universen" sichert.
Zu Beginn von 2. wiederholen wir die Definition der Kategorien in einer den Anwendungen weniger angepaßten aber für die Theorie einfacheren Form (Weglassung der Objekte). Die Betonung der Kompositionsstruktur und spätere Einführung der Objekte entspricht dem ursprünglich von Eilenberg-Mac Lane [12] eingenommenen Standpunkt. Weiter in 2. formulieren und beweisen wir das in der Theorie der Kategorien ständig benutzte und wesentlich zur Arbeitsersparnis beitragende Dualitätsprinzip als präzisen Metasatz. Hierfür wird die Formalisierung von 1. gebraucht. Der Anfänger und der an diesen formalen Erörterungen nicht interessierte Leser setze die Lektüre nach 0. mit 2.4 fort und begnüge sich mit der vorläufigen Formulierung des Dualitätsprinzips in 2.2.1. Am Ende von 2. definieren wir Diagramme (Grothendieck [17]), die in der Theorie auch als einfachere Strukturen vor Kategorien gesetzt werden können; dabei ginge aber ein wesentlicher Teil der Motivierung verloren. 3. behandelt darstellbare Funktoren in der für 5. und 7. benötigten Form. Die Kenntnis von darstellbaren Funktoren ist außerdem von allgemeinem Interesse. Der wesentliche Teil von 4. wird abgesehen von allgemeinem Interesse erst in [39] benutzt und behandelt monomorphe, epimorphe Morphismen, Einbettungen, Identifizierungen, Schnitte und Retraktionen. Im Hinblick auf diese Begriffe hat sich in der Literatur noch keine einheitliche Terminologie durchgesetzt, so daß dem unerfahrenen Leser bei der Verwendung von Literatur das Nachschlagen der jeweiligen Definition empfohlen sei.

Für die Hörer der ursprünglichen Vorlesung sei angemerkt, daß die Terminologie von 4. von der Vorlesung abweicht. Die Relation ⊂ von 4. erscheint auch bei Kowalski [23].

Produkte und Coprodukte in 5. dienen der Vorbereitung von 7. und 8., die Nullmorphismen von 6. werden in 8. und vor allem in [39] benötigt. 7. dient der Vorbereitung von 8. und folgt im wesentlichen Eckmann-Hilton [10], so daß Einzelhinweise auf [10] im Text unterbleiben. Daß wir uns bei neutralen Morphismen für Addition und Coaddition nicht auf Nullmorphismen beschränken, hat den Grund, daß, wenn eine Kategorie $\mathfrak{C}$ Nullmorphismen hat, die Kategorie $\mathrm{Nat}(\mathfrak{C},\mathfrak{D})$ der Funktoren von $\mathfrak{C}$ und $\mathfrak{D}$ und ihrer natürlichen Transformationen keine Nullmorphismen zu haben braucht. Wir spezialisieren vorzüglich $\mathfrak{D}$ als Kategorie der Mengen, und gerade hier können Schwierigkeiten auftreten, die man am einfachsten durch Zulassung kollabierender Morphismen als Neutrale beseitigt. Kollabierende Morphismen erscheinen bei Kowalski [23] unter dem Namen punktal. In 8. beweisen wir, daß jede Kategorie, in der Produkte oder Coprodukte für je zwei Objekte existieren, höchstens eine „Addition" zuläßt, die sie zu einer additiven Kategorie (im Sinne von Grothendieck [17]) macht und daß bei einer additiven Kategorie die Kommutativität und Assoziativität der Addition aus den übrigen Axiomen folgt. Auch diese Ergebnisse finden sich in [10], abgesehen von der Formulierung und der Aussage über die Assoziativität.

Für neuere Literatur über Kategorien verweisen wir auf die ausführlichen Verzeichnisse in Mac Lane [26] und [27].

Kategorien und Funktoren

0. Kategorien und Funktoren

Wenn man zwei Abbildungen von Mengen, Homomorphismen von Gruppen, stetige Abbildungen von topologischen Räumen nacheinander ausführen kann, erhält man wieder eine Abbildung, einen Homomorphismus, eine stetige Abbildung. Zu jeder Abbildung, zu jedem Homomorphismus, zu jeder stetigen Abbildung gehören zwei Mengen, Gruppen, topologische Räume, ihre (seine) Quelle und ihr (sein) Ziel. Zu jeder Menge, Gruppe, zu jedem topologischen Raum gehört eine identische Abbildung (Homomorphismus, stetige Abbildung), und diese Identitäten wirken als Einheiten für die multiplikative Struktur (Nacheinanderausführen) der Abbildungen (etc.). Man sagt, Mengen und Abbildungen, Gruppen und Homomorphismen, topologische Räume und stetige Abbildungen „bilden" Kategorien. Natürlich ist die mit der „Menge aller Mengen" verbundene Vorsicht geboten.

0.1 Eine Kategorie besteht aus

(KD1) einer Menge $\mathcal{O}$ von „Objekten",

(KD2) einer Menge M von „Morphismen",

(KD3) zwei Abbildungen $Q : M \longrightarrow \mathcal{O}$ (Quelle) und $Z : M \longrightarrow \mathcal{O}$ (Ziel),

(KD4) einer Abbildung $M \times M \supset T \xrightarrow{\varkappa} M$ (Nacheinanderausführen, Komposition),

für die, wenn wir $\varkappa(f,g) =: g \cdot f =: gf$ abkürzen (zu lesen: g nach f [1]),

folgende Axiome gelten:

(KA1) $T = \{(f,g) \mid Zf = Qg\}$,

$Q(gf) = Qf$,

$Z(gf) = Zg$.

(KA2) $h(gf) = (hg)f$, falls $Zg = Qh$ und $Zf = Qg$.

(KA3) Zu jedem $A \in \mathcal{O}$ gibt es (mindestens) ein e mit $Qe = Ze = A$, so daß

a. $ef = f$ für jedes f mit $Zf = A$ und

b. $ge = g$ für jedes g mit $Qg = A$ ist.

Ein Quintupel $(\mathcal{O}, M, Q, Z, \varkappa) =: \mathfrak{C}$ von Dingen wie in KD1 - KD4 mit KA1 - KA3 ist eine Kategorie.

0.2 Allgemein wird in jeder Kategorie die Komposition $\varkappa$ durch $\varkappa(f,g) =: g \cdot f =: gf$ abgekürzt, solange keine Unterscheidung nötig ist. Ebenso verwenden wir Q und Z für alle Kategorien. Ist $\mathfrak{C} = (\mathcal{O}, M, Q, Z, \varkappa)$ eine Kategorie, so steht $f \in \mathfrak{C}$ für $f \in M$, $|\mathfrak{C}|$ für $\mathcal{O}$, $Mor_{\mathfrak{C}}$ für M. Für $A, B \in |\mathfrak{C}|$ bezeichnet $\mathfrak{C}(A,B) := \{f \mid f \in \mathfrak{C}$ mit $Qf = A$ und $Zf = B\}$ [2] die Menge der Morphismen von A in B.

Suggestiv steht $f : A \longrightarrow B$ oder $A \xrightarrow{f} B$ für $f \in \mathfrak{C}(A,B)$. Sind Namen für A, B, f überflüssig, so steht oft $\cdot \xrightarrow{f} B$, $A \xrightarrow{f} \cdot$, $A \longrightarrow B$ etc.. Morphismen e mit $Qe = Ze$ und $ef = f$ falls $Zf = Qe$, $ge = g$ falls $Qg = Ze$ heißen Einheiten. Sind e, e' Einheiten mit $Ze' = Qe' = Ze = Qe$, so ist $e' = e'e = e$; zu jedem A existiert also (KA3) genau eine Einheit $A \longrightarrow A$, die mit 1_A bezeichnet wird. Die Formel $e = 1$ steht kurz für „e ist eine Einheit".

0.3 Häufig werden Kategorien definiert durch eine Menge $\mathcal{O}$ von „Objekten", Mengen Mor(A,B) zu jedem $(A,B) \in \mathcal{O} \times \mathcal{O}$ und Abbildungen $\varkappa_{A,B,C} : \mathrm{Mor}(A,B) \times \mathrm{Mor}(B,C) \longrightarrow \mathrm{Mor}(A,C)$ zu jedem $(A,B,C) \in \mathcal{O} \times \mathcal{O} \times \mathcal{O}$. Man verlangt

(KA1') Die Mor(A,B) sind paarweise disjunkt,

(KA2') $h(gf) = (hg)f$ falls $f \in \mathrm{Mor}(A,B)$, $g \in \mathrm{Mor}(B,C)$, $h \in \mathrm{Mor}(C,D)$ für irgendwelche A, B, C, D,

(KA3') Zu jedem $A \in \mathcal{O}$ existiert $e \in \mathrm{Mor}(A,A)$ mit

a. $ef = f$ für jedes $f \in \mathrm{Mor}(B,A)$ und jedes B und

b. $ge = g$ für jedes $g \in \mathrm{Mor}(A,C)$ und jedes C,

wobei in KA2' die einzelnen $\varkappa_{A,B,C}(f,g) =: gf$ etc. abgekürzt sind.

Setzt man $M := \bigcup_{A,B\in\mathcal{O}} \mathrm{Mor}(A,B)$, so definieren die $\varkappa_{A,B,C}$ eine Abbildung $\varkappa : \bigcup_{A,B,C\in\mathcal{O}} \mathrm{Mor}(A,B) \times \mathrm{Mor}(B,C) =: T \longrightarrow M$, und Q, Z erhält man durch „$Qf = A$ und $Zf = B :\Leftrightarrow f \in \mathrm{Mor}(A,B)$", wobei die Definitionen sinnvoll sind, da die Mor(A,B) paarweise disjunkt sind. $(\mathcal{O}, M, Q, Z, \varkappa)$ ist eine Kategorie im Sinne von 0.1.

0.4 Die Einheiten einer Kategorie $\mathfrak{C}$ entsprechen eineindeutig den Objekten. Man kann daher auf die Objekte verzichten oder sie mit den Einheiten identifizieren. Kategorien erscheinen dann als verallgemeinerte Gruppen (oder besser: Monoide mit Einheit). Die Objekte sind wünschenswert für die Anwendungen. Die Einführung von Kategorien zunächst ohne Objekte findet man in Eilenberg - Mac Lane [12], Eilenberg - Steenrod [13], Freyd [14], weitergehende Untersuchungen bei Hilton-Ledermann [20]. Wir kommen in § 2 darauf zurück.

0.5 Wir geben einige Standardbeispiele an, die immer wieder herangezogen werden. Zunächst Vereinbarungen zu Mengen und Abbildungen:

0.5.1 X, Y seien Mengen. Ein $F \subset X \times Y$ heißt ein Graph in $X \times Y$. $F^{\#} := \{(y,x) \mid (x,y) \in F\}$ heißt der zu F konverse Graph in $Y \times X$. Ist $G \subset Y \times Z$, so wird $G \cdot F := \{(x,z) \mid \text{es gibt } y \text{ mit } (x,y) \in F, (y,z) \in G\}$ definiert.

$(X, Y, F) =: f$ mit $F \subset X \times Y$ heißt Korrespondenz von X in Y. $f^{\#} := (Y, X, F^{\#})$ heißt die zu f konverse Korrespondenz von Y in X. Ist $g := (Y, Z, G)$ eine weitere Korrespondenz, so ist $g \cdot f =: gf := (X, Z, G \cdot F)$ Korrespondenz von X in Z. Die Zusammensetzung „·" ist assoziativ, die $1_X := (X, X, D_X)$ mit der Diagonale $D_X := \{(x,x) \mid x \in X\}$ wirken als Einheiten.

<u>0.5.2</u> $f = (X, Y, F)$ heißt Abbildung, wenn jedes $x \in X$ in genau einem $(x,y) \in F$ vorkommt. Man schreibt fx für „dasjenige y mit $(x,y) \in F$" und gibt f oft in der Form $x \longmapsto fx$ oder $f : x \longmapsto y$ an. Bei $A \subset X$ steht oft fA für $\{fx \mid x \in A\}$; die Abkürzung fA ist mit Vorsicht zu handhaben, falls auch $A \in X$ sein kann (Beispiel: $A = \emptyset$, $X = \{\emptyset\}$; es ist nicht klar, was mit $f\emptyset$ gemeint ist).

F heißt Graph der Abbildung f und ist die in der graphischen Darstellung von Abbildungen (z.B. $\mathbb{R} \longrightarrow \mathbb{R}$) gezeichnete Teilmenge des Produktes $X \times Y$. Man überzeugt sich, daß (X, Y, F) eine Abbildung ist, genau wenn $D_X \subset F^{\#}F$ und $FF^{\#} \subset D_Y$ ist, wobei

<u>(0.5.2.1)</u> $D_X \subset F^{\#}F \Leftrightarrow$ „Jedes $x \in X$ kommt in mindestens einem $(x,y) \in F$ vor",

<u>(0.5.2.2)</u> $FF^{\#} \subset D_Y \Leftrightarrow$ „Kein $x \in X$ kommt in mehr als einem $(x,y) \in F$ vor" gilt.

$FF^{\#} \subset D_Y$ ist anders ausgedrückt „$(x,y), (x,y') \in F \Longrightarrow y = y'$ ".

Sind f, g Abbildungen, so ist gf Abbildung; gf beschreibt das übliche Ausführen von g nach f. Einheiten sind Abbildungen.

Wir nennen eine Abbildung $f : X \longrightarrow Y$ injektiv (eineindeutig), wenn für $x, x' \in X$ stets „$fx = fx' \Rightarrow x = x'$ " gilt, surjektiv (auf), wenn zu jedem $y \in Y$ mindestens ein $x \in X$ mit $y = fx$ existiert und bijektiv, wenn sie injektiv und surjektiv ist [17]).

<u>0.5.3</u> Beispiele: U sei eine feste Menge. Der Sinn dieser Einschränkung wird in § 1 erläutert (besonders 1.18). Wir benutzen 0.3:

<u>KB1:</u> Me Korr (Mengenkorrespondenzen; genauer MeKorr_U): Objekte sind die Mengen, die Elemente von U sind. Für X, Y ist MeKorr(X,Y) die Menge der Korrespondenzen von X in Y. $\varkappa(f,g) := gf$ wie in 0.5.1. Die Definition der Korrespondenzen als Tripel $f = (X, Y, F)$ geschieht, um $Qf = X$, $Zf = Y$ definieren zu können. Die Unterscheidung zwischen f und F ist besonders in der älteren Literatur oft nicht durchgeführt.

<u>KB1a:</u> Me (Mengenabbildungen; genauer Me_U): Objekte wie in MeKorr, Me(X,Y) := Menge der Abbildungen von X in Y, $\varkappa$ wie in MeKorr.

<u>KB1b:</u> MePa (Abbildungen von Mengenpaaren; genauer MePa_U): Objekte sind die Paare (X,A) von Mengen X, A mit $A \subset X \in U$. MePa((X,A), (Y,B)) ist die Menge der (X, A, Y, B, F) mit $f := (X, Y, F) \in \mathrm{Me}(X,Y)$ und $fA \subset B$. $\varkappa$ wird natürlich durch $(Y, B, Z, C, G) \cdot (X, A, Y, B, F) := (X, A, Z, C, G \cdot F)$ definiert. Man beachte, Morphismen $(X,A) \longrightarrow (Y,B)$ sind nicht Abbildungen $f : X \longrightarrow Y$ mit $fA \subset B$, da eine solche Festsetzung keine Definition von Qf und Zf gestattete.

KB1c: PuMe (Abbildungen punktierter Mengen; genauer $PuMe_U$): Objekte sind Paare (X,x_0) mit $x_0 \in X \in U$, Morphismen die (X,x_0, Y,y_0, F) mit $(X, Y, F) =: f \in Me$ und $fx_0 = y_0$. Das ist gleichbedeutend mit $(X, \{x_0\}, Y, \{y_0\}, F) \in MePa$. Die Komposition ist klar.

KB2: Mo (Monoidhomomorphismen; genauer Mo_U): Objekte sind die Monoide (X,ρ) mit $X \in U$. ρ ist die Monoidstruktur: eine Abbildung $X \times X \longrightarrow X$ mit Bezeichnung $\rho(x,y) =: x \rho y$, die dem Assoziativgesetz $(x \rho y) \rho z = x \rho (y \rho z)$ genügt. $Mo((X,\rho), (Y,\sigma))$ ist die Menge aller Monoidhomomorphismen von (X,ρ) in (Y,σ), das ist die Menge aller (X, ρ, Y, σ, F) für die $(X, Y, F) =: f$ Abbildung und $f(x \rho x') = (fx) \sigma (fx')$ ist. Statt F kann man f in das Quintupel schreiben, statt ρ, σ ihre Graphen verwenden. Die Komposition ist klar.

KB2a: Gr (Gruppenhomomorphismen; genauer Gr_U): Objekte sind die Monoide, die Gruppen sind; ein Monoidhomomorphismus zwischen Gruppen ist Gruppenhomomorphismus.

KB2b: AbMo (Homomorphismen abelscher Monoide; genauer $AbMo_U$)

KB2c: AbGr (Homomorphismen abelscher Gruppen; $AbGr_U$)

KB3: RMod (R - lineare Homomorphismen von Moduln über einem Ring R; $RMod_U$): Ein R-Modul ist z.B. ein Tripel (A, ρ, σ) aus einer Menge A und zwei Abbildungen $\rho : A \times A \longrightarrow A$, $\sigma : R \times A \longrightarrow A$ etc..

KB4: Top (stetige Abbildungen topologischer Räume (besser Stet!); Top_U),

KB4a: TopPa (stetige Abbildungen von Raumpaaren; $TopPa_U$): Objekte sind die Paare (V,W) von topologischen Räumen, wobei die Menge X, die dem Raum $V = (X,T)$ (T Topologie) zugrundeliegt, ein Element von U und W ein Teilraum von V ist. Morphismen sind die (V, W, V', W', F), die (ungenau) stetig $V \longrightarrow V'$ sind und W in W' abbilden.

KB4b: PuTop (Punktierte Abbildungen von punktierten topologischen Räumen (Räumen mit Grundpunkt); $PuTop_U$): Geht aus TopPa hervor wie PuMe aus MePa.

0.6 Kategorien sind im wesentlichen verallgemeinerte Gruppen (Monoide mit Einheit), Funktoren entsprechen Homomorphismen: $\mathfrak{C}$, $\mathfrak{D}$ seien Kategorien, $F_1 : |\mathfrak{C}| \longrightarrow |\mathfrak{D}|$, $F_2 : Mor_{\mathfrak{C}} \longrightarrow Mor_{\mathfrak{D}}$ Abbildungen. Wir vereinbaren $F_1A =: FA$, $F_2f =: Ff$. Gilt

(FA1) $F\,\mathfrak{C}(A,B) \subset \mathfrak{D}(FA, FB)$,

(FA2) $F\,1 = 1$,

(FA3) $F(gf) = (Fg)(Ff)$, falls $Qg = Zf$,

so heißt $(\mathfrak{C}, \mathfrak{D}, F_1, F_2) =: F$ ein Funktor $F : \mathfrak{C} \longrightarrow \mathfrak{D}$ von $\mathfrak{C}$ in $\mathfrak{D}$.

FA2 ist als „ist f Einheit, so ist Ff Einheit" zu lesen. FA1 ist mit „$QF_2f = F_1Qf$ und $ZF_2f = F_1Zf$" äquivalent. F_1 ist entbehrlich, da man F_1 aus F_2 mit dieser Relation definieren kann. Wir geben daher häufig Funktoren nur durch ihre Werte auf $Mor_{\mathfrak{C}}$ an.

<u>0.6.1</u> Beispiele:

<u>FB1:</u> F: MePa $\longrightarrow$ Me mit $F(X, A, Y, B, G) = (X, Y, G)$.

<u>FB2:</u> F: Mo $\longrightarrow$ Me mit $F(X, \rho, Y, \sigma, G) = (X, Y, G)$.

<u>FB3:</u> F: Top $\longrightarrow$ Me mit $F((X, T), (Y, T'), G) = (X, Y, G)$.

<u>FB4:</u> F: RMod $\longrightarrow$ Ab mit $F((X,\rho,\sigma), (Y,\rho',\sigma'), G) = (X,\rho, Y,\rho',G)$.

Die Funktoren in diesen Beispielen vereinfachen die Struktur der Objekte. Solche Funktoren heißen vergeßlich (Mac Lane).

<u>FB5:</u> F: Me $\longrightarrow$ Mo. FX ist das von X erzeugte freie Monoid, Ff der eindeutig bestimmte Monoidhomomorphismus, der das (ungenau) Mengendiagramm

$$\begin{array}{ccc} X & \xrightarrow{f} & Y \\ \cap & & \cap \\ FX & \xrightarrow[Ff]{} & FY \end{array}$$

kommutativ macht.

<u>FB6:</u> F: Top $\longrightarrow$ Ab mit $FX := H_qX$ (q-te (singuläre) Homologiegruppe) und $Ff := H_qf = f_* : H_qX \longrightarrow H_qY$.

<u>FB7:</u> F: PuTop $\longrightarrow$ Gr mit $F(X,x_o) = \pi_1(X,x_o)$ (Fundamentalgruppe) und $Ff := \pi_1 f = f_* : \pi_1(X,x_o) \longrightarrow \pi_1(Y,y_o)$.

<u>0.7</u> Es ist naheliegend, daß die Funktoren von Kategorien wieder eine Kategorie bilden. Man kann natürlich nicht die Kategorie „aller Funktoren" bilden.

U sei eine feste Menge. Fun_U sei definiert durch

(1) $|Fun_U| = \{\mathfrak{C} \mid \mathfrak{C}$ ist Kategorie mit $|\mathfrak{C}| \subset U$ und $Mor_{\mathfrak{C}} \subset U\}$,

(2) $Fun_U(\mathfrak{C},\mathfrak{D}) := \{$Funktoren $\mathfrak{C} \longrightarrow \mathfrak{D}\}$

(3) Nacheinanderausführen der Funktoren.

Einheiten sind die $1_{\mathfrak{C}} = (\mathfrak{C}, \mathfrak{C}, 1_{|\mathfrak{C}|}, 1_{Mor_{\mathfrak{C}}})$.

<u>0.7.1</u> Um U in 0.7 und 0.5.3 groß genug wählen zu können, geben wir in § 1 eine passende Mengenlehre an. Dann folgen weitere grundlegende Begriffe wie duale Kategorien, kontravariante Funktoren, natürliche Transformationen etc. in § 2.

1. Logik und Mengenlehre

Wir erläutern Logik und Mengenlehre nach Godement [16]. Der an Einzelheiten interessierte Leser konsultiere [16] und Bourbaki [2]. Der an den Einzelheiten über die verwandte Logik nicht interessierte Leser überschlage 1.1 - 1.8; der nur an Kategorien interessierte Leser überschlage den gesamten Abschnitt. Die Einzelheiten über Logik werden zur genauen Formulierung und zum Beweis des Dualitätsprinzips in § 2 benötigt.

1.1 Wir benutzen (zunächst) die Zeichen

a. Buchstaben,

b. $\vee$ (oder), $\neg$ (non),

c. $\bigvee$ (es gibt),

d. $=$ (gleich), $\in$ (aus, Element von).

Unter Buchstaben verstehen wir die lateinischen Buchstaben (Maschinentypen), die auch mit Akzenten versehen werden können (a, a', a'', ...). Es soll jederzeit möglich sein, in den Text neue und noch nicht benutzte Buchstaben einzuführen.

Durch Hintereinanderschreiben von endlich vielen Zeichen bildet man Zeichenreihen. Sind Φ, Ψ Zeichen oder Zeichenreihen, so sei $\Phi\Psi$ die Zeichenreihe, die man erhält, wenn man Ψ hinter Φ schreibt. Da die Bildung offenbar assoziativ ist, hat man $\Phi\Psi X$ etc.. [3]).

Ausdrücke der Mengenlehre sind Terme (Mathematische Objekte, Mengen) und Formeln (Relationen, Prädikate, Aussagen über Mengen), die nach folgenden Regeln gebildet werden:

(T1) Jeder Buchstabe ist ein Term,

(TF') Sind φ, ψ Terme [4]), so sind $=\varphi\psi$ und $\in\varphi\psi$ Formeln,

(F1) Ist Φ eine Formel, so ist $\neg\,\Phi$ eine Formel,

(F2) Sind Φ, Ψ Formeln, so ist $\vee\Phi\Psi$ eine Formel.

$=\varphi\psi$ (lies: φ gleich ψ) schreibt man meist $\varphi = \psi$, $\in\varphi\psi$ (lies: φ aus ψ; φ ist Element von ψ) schreibt man $\varphi\in\psi$, $\vee\Phi\Psi$ (lies: (entweder) Φ oder Ψ (oder beide)) schreibt man $\Phi \vee \Psi$, $\neg\,\Phi$ liest man non Φ. Dabei sind wenn nötig Klammern zu setzen.

Die in den Regeln eingeführte Schreibweise ist unübersichtlich bei komplizierteren Ausdrücken, dient aber der prinzipiellen Vermeidung von Klammern.
Als Abkürzungen dienen:
$\Phi \wedge \Psi$ (Φ und Ψ) für $\neg ((\neg \Phi) \vee \neg \Psi)$,
$\Phi \Rightarrow \Psi$ (non Φ oder Ψ; Φ folgt Ψ) für $(\neg \Phi) \vee \Psi$,
$\Phi \Leftrightarrow \Psi$ (Φ genau wenn Ψ; Φ äquivalent Ψ) für $(\Phi \Rightarrow \Psi) \wedge (\Psi \Rightarrow \Phi)$.

1.2 Die Sätze der Mengenlehre erhält man durch Beweise aus vereinbarten Axiomen und Axiomenschemata: Man gibt einige Formeln an und vereinbart, diese seien die (expliziten) Axiome der Mengenlehre.
Man gibt einige Regeln an, so daß die Anwendung einer Regel eine Formel ergibt und so daß gilt: Kann man mit einer Regel eine Formel Φ konstruieren, ist ξ ein Buchstabe und φ ein Term, so läßt sich durch Anwendung derselben Regel die Formel konstruieren, die man aus Φ erhält, wenn überall φ für ξ eingesetzt wird. Die vereinbarten Regeln heißen (Axiomen-)Schemata, die Formeln, die man durch Anwendung eines Schemas erhält, heißen implizite Axiome. Wir formulieren die Schemata meist so: Sind Φ,... Formeln, ξ,... Buchstaben, so ist ... ein Axiom.

1.3 Ein Beweis ist eine Folge von Formeln, so daß für jede Formel Φ der Folge eine der folgenden Bedingungen erfüllt ist:
(BA) Φ ist ein Axiom,
(BS) Φ erhält man durch Anwendung eines Schemas,
(MP) Vor Φ erscheint eine Formel Ψ und die Formel $\Psi \Rightarrow \Phi$.
MP ist der Modus ponens.
Eine in einem Beweis vorkommende Formel ist ein Satz. Sätze werden, wenn ihre Wichtigkeit oder Unwichtigkeit besonders hervorgehoben werden soll, auch als Theoreme, Lemmata, Hilfssätze bezeichnet. Als Lemmata bezeichnet man vielfach wichtige Sätze, die nicht attraktiv formuliert sind.
Eine Formel Φ heißt richtig (wahr, ableitbar), wenn sie ein Satz ist, und falsch, wenn $\neg \Phi$ ein Satz ist. Die Nichtableitbarkeit von Φ bedeutet keinesfalls, daß $\neg \Phi$ ableitbar ist. Den Modus ponens formuliert man häufig so:
Aus Ψ und $\Psi \Rightarrow \Phi$ folgt Φ. Dabei wird „folgt" im Sinne von „ableitbar" gebraucht, wie häufig in mathematischen Texten, nicht im Sinne von „$\Rightarrow$".

1.4 Die ersten vier Axiomenschemata der Mengenlehre sind die der Aussagenlogik:

(S1) Ist Φ eine Formel, so ist $(\Phi \vee \Phi) \Rightarrow \Phi$ ein Axiom,

(S2) Sind Φ und Ψ Formeln, so ist $\Phi \Rightarrow (\Phi \vee \Psi)$ ein Axiom,

(S3) Sind Φ und Ψ Formeln, so ist $(\Phi \vee \Psi) \Rightarrow (\Psi \vee \Phi)$ ein Axiom,

(S4) Sind Φ, Ψ und X Formeln, so ist $(\Phi \Rightarrow \Psi) \Rightarrow ((\Phi \vee X) \Rightarrow (\Psi \vee X))$ ein Axiom.

1.5 Φ sei eine Formel, ξ ein Buchstabe und φ ein Term.
$(\varphi \mid \xi)\Phi$ sei Abkürzung für die Formel, die man aus Φ erhält, wenn man jedes in Φ vorkommende ξ durch φ ersetzt. ξ braucht in Φ nicht vorzukommen; in diesem Falle ist $(\varphi \mid \xi)\Phi$ eine andere Bezeichnung für Φ. Oft schreibt man, um anzuzeigen, daß ξ in Φ vorkommt, $\Phi(\xi)$ oder $\Phi\{\xi\}$. Dann schreibt man $\Phi(\varphi)$ oder $\Phi\{\varphi\}$ für $(\varphi \mid \xi)\Phi$. Entsprechendes gilt für $\Phi(\xi,\eta)$.

Wir führen eine weitere Regel zur Bildung von Formeln ein:

(F3) Ist Φ eine Formel und ξ ein Buchstabe, so ist $\bigvee_\xi \Phi$ eine Formel.

$\bigvee_\xi \Phi$ ist zu lesen „Es gibt (mindestens) ein ξ mit Φ".

F3 hat vorläufigen Charakter.

Als fünftes Schema der Mengenlehre vereinbaren wir:

(S5) Ist Φ eine Formel, ξ ein Buchstabe und φ ein Term, so ist $(\varphi \mid \xi)\Phi \Rightarrow \bigvee_\xi \Phi$ ein Axiom.

Es scheint vernünftig anzunehmen, daß, wenn Φ auf φ zutrifft, ein ξ (nämlich φ) existiert, auf das Φ zutrifft. Die Formulierung $(\varphi \mid \xi)\Phi$ ist nach Einführung von $\bigvee_\xi$ mit etwas Vorsicht zu verwenden, falls nämlich ξ in Φ in der Form $\bigvee_\xi$ vorkommt.

Wir umgehen die mit der Einführung von gebundenen und freien Variablen verbundenen Unerfreulichkeiten in 1.7 durch einen Kunstgriff (Bourbaki).

Vorher vereinbaren wir das sechste Schema der Mengenlehre

(S6) Ist Φ eine Formel, ξ ein Buchstabe und sind φ, ψ Terme, so ist $(\varphi = \psi) \Rightarrow ((\varphi \mid \xi)\Phi \Leftrightarrow (\psi \mid \xi)\Phi)$ ein Axiom.

Das ist eine vernünftige Forderung an das Gleichheitszeichen.

Dann erwähnen wir, daß man $\bigwedge_\xi \Phi$ (für alle ξ gilt Φ) als Abkürzung für $\neg \bigvee_\xi \neg \Phi$ benutzt, wie es der Sprachgebrauch nahelegt.

1.6 Beweist man einen Satz $\bigvee_\xi \Phi$, so hat man noch kein ξ für das Φ gilt: „Es gibt einen nicht korrumpierten Politiker" ist eine Aussage, mit der man wenig anfangen kann, solange man einen solchen nicht auffinden kann. Man hilft sich oft, indem man Sätze wie „Sei ξ ein nicht korrumpierter Politiker, dann ..." bildet. Gibt es genau ein ξ mit Φ, so wird man zweckmäßigerweise annehmen, daß man ξ auffinden kann. Die Annahme, daß man auch bei nicht eindeutig bestimmtem ξ ein ξ auswählen kann, ist etwas stärker. Formal zweckmäßig ist es, sich über die Ableitbarkeit von $\bigvee_\xi \Phi$ gar keine Gedanken zu machen und anzunehmen (zunächst nur informell):

1. Zu jeder Formel Φ kann man einen Term $\tau_\xi \Phi$ bilden,
2. Ist $\bigvee_\xi \Phi$ ein Satz, so ist $(\tau_\xi \Phi|\xi)\Phi$ ein Satz,
3. Sind Φ und Ψ äquivalente Formeln, so ist $\tau_\xi \Phi = \tau_\xi \Psi$.

$\tau_\xi \Phi$ heißt „das privilegierte ξ mit Φ". 2. besagt, daß $\tau_\xi \Phi$ die durch Φ beschriebene Eigenschaft hat, wenn es ein ξ mit Φ gibt. Ist $\bigvee_\xi \Phi$ kein Satz, so weiß man im allgemeinen nicht viel über $\tau_\xi \Phi$ (außer vielleicht, wenn $\neg\bigvee_\xi \Phi$ ein Satz ist, daß $\tau_\xi \Phi$ sicher nicht die Eigenschaft Φ hat). Man kann dann mit $\tau_\xi \Phi$ herzlich wenig anfangen, aber das ist nicht weiter schlimm und bequemer, als wenn man sich vor Bildung von $\tau_\xi \Phi$ von der Ableitbarkeit von $\bigvee_\xi \Phi$ überzeugen muß.

Nach S5 und der 2ten Annahme über τ sind $(\tau_\xi \Phi|\xi)\Phi$ und $\bigvee_\xi \Phi$ äquivalent. Wir können also $\bigvee$ mit τ definieren und werden das auch tun.

τ heißt das Hilbertsymbol und wurde von Hilbert mit ϵ bezeichnet. Damit keine Verwechslungen mit dem heute in der Mengenlehre allgemein benutzten Zeichen $\in$ für „Element von" auftreten, hat man es durch τ ersetzt.

Wir führen τ genauer ein:

1.7 Die Zeichen einer formalen Theorie $\mathfrak{T}$ sind

a. Die Buchstaben,

b. $\vee$, $\neg$,

c. τ, $\square$,

d. spezifische Zeichen (wie = und $\in$ in der Mengenlehre).

Aus den Zeichen bildet man Zeichenreihen wie in 1.1 mit der zusätzlichen Erlaubnis, daß Zeichen durch Linien verbunden werden dürfen. Wir vereinbaren die Abkürzungen $\Phi\Psi$ für das Hintereinanderschreiben von Zeichenreihen wie in 1.1 und: Ist Φ Zeichen-

reihe und ξ ein Buchstabe, so bezeichnet $\tau_\xi \Phi$ die Zeichenreihe, die man erhält, wenn man τ vor Φ schreibt, jedes ξ, das in $\tau\Phi$ vorkommt, mit τ durch eine Linie verbindet und danach jedes ξ durch $\square$ ersetzt. (Beispiel: $\tau_x xy \in \square = zx$ bezeichnet $\tau \square y \in \square = z \square$). Die Form der Linien soll dabei keine Rolle spielen.
$\tau \square y \in \square = z \square$ und $\tau \square y \in \square = z \square$ können wir nicht unterscheiden.
Die spezifischen Zeichen zerfallen in formelbildende und termbildende Zeichen, kurz Formelbilder bzw. Termbilder. Jedes spezifische Zeichen hat ein Gewicht (eine positive ganze Zahl, die angibt, auf wieviel Terme es anzuwenden ist). Die Verwendung der ganzen Zahlen läßt sich vermeiden. $=$ und $\in$ sind Formelbilder vom Gewicht 2.
Ausdrücke der formalen Theorie $\mathfrak{T}$ sind Terme und Formeln, die nach folgenden Regeln gebildet werden:

(T1) Jeder Buchstabe ist ein Term,

(TF) Ist σ ein Formelbilder bzw. Termbilder vom Gewicht n und sind $\varphi_1,\ldots,\varphi_n$ Terme, so ist $\sigma\ \varphi_1 \ldots \varphi_n$ eine Formel bzw. ein Term,

(F1) Ist Φ eine Formel, so ist $\neg\ \Phi$ eine Formel,

(F2) Sind Φ, Ψ Formeln, so ist $\vee\Phi\Psi$ eine Formel,

(T2) Ist Φ eine Formel und ξ ein Buchstabe, so ist $\tau_\xi\Phi$ ein Term.

Wir haben also TF' zu TF verallgemeinert und F3 durch T2 ersetzt.
Die spezifischen Zeichen der Mengenlehre sind $=$ und $\in$. $=$ und $\in$ sind Formelbilder vom Gewicht 2.
Wir übernehmen die Bezeichnungen und Abkürzungen von 1.1.
Axiome, Schemata und Beweise definiert man wie in 1.2, 1.3 für die Mengenlehre (Man substituiert „formale Theorie" für „Mengenlehre"). Ferner übernimmt man die Bezeichnung von 1.5, definiert $\bigvee_\xi\Phi$ als Abkürzung der mit $(\tau_\xi\Phi|\xi)\Phi$ bezeichneten Formel und nennt eine formale Theorie $\mathfrak{T}$, die mindestens das spezifische Zeichen $=$ sowie die Axiomenschemata S1 - S6 und (S7)

(S7) Sind Φ, Ψ Formeln, und ist ξ ein Buchstabe, so ist $(\bigwedge_\xi(\Phi \Leftrightarrow \Psi)) \Rightarrow (\tau_\xi\Phi = \tau_\xi\Psi)$ ein Axiom

hat, eine formale logische Theorie mit Gleichheitszeichen.
Hat $\mathfrak{T}$ weitere explizite Axiome, so heißen die in diesen Axiomen vorkommenden Buchstaben die Konstanten der Theorie. Die Konstanten sind fixierte Objekte, für die gewisse Eigenschaften durch die Axiome vereinbart werden. Man beachte dabei, daß nach Definition ξ in $\bigwedge_\xi\Phi$ und $\bigvee_\xi\Phi$ nicht vorkommt.

Hat man formale Theorien $\mathfrak{T}$ und $\mathfrak{T}'$, so heißt $\mathfrak{T}'$ „mindestens so stark" wie $\mathfrak{T}$, $\mathfrak{T} < \mathfrak{T}'$, wenn alle Zeichen, Axiome und Schemata von $\mathfrak{T}$ auch Zeichen, Axiome und Schemata von $\mathfrak{T}'$ sind. Jeder Satz von $\mathfrak{T}$ ist dann ein Satz von $\mathfrak{T}'$. Ist außerdem $\mathfrak{T}' < \mathfrak{T}$, so heißen $\mathfrak{T}$ und $\mathfrak{T}'$ gleichstark, $\mathfrak{T} = \mathfrak{T}'$.

1.8 Die Mengenlehre ist eine formale logische Theorie mit Gleichheitszeichen und dem weiteren Formelbilder $\in$ vom Gewicht 2. $\in\varphi\psi$ wird „φ aus ψ" oder „φ ist Element von ψ" gelesen und $\varphi \in \psi$ geschrieben. $\varphi \notin \psi$ bezeichnet $\neg(\varphi \in \psi)$ (φ nicht aus ψ, etc.). Entsprechend steht $\varphi \neq \psi$ (ungleich) für $\neg(\varphi = \psi)$. Wir definieren $\varphi \subset \psi$ (φ ist Teilmenge von ψ; ψ ist Obermenge von φ):
Sind ξ, η Buchstaben, die in den Termen φ, ψ nicht vorkommen, so sind $\bigwedge_\xi(\xi \in \varphi \Rightarrow \xi \in \psi)$ und $\bigwedge_\eta(\eta \in \varphi \Rightarrow \eta \in \psi)$ Abkürzungen für dieselbe Formel. Diese Formel kürzen wir auch $\varphi \subset \psi$ ab. Informeller: $\varphi \subset \psi$ ist durch $\varphi \subset \psi :\Leftrightarrow \bigwedge_\xi(\xi \in \varphi \Rightarrow \xi \in \psi)$ definiert. $:\Leftrightarrow$, $\Leftrightarrow:$, $:=$, $=:$ verwenden wir in folgendem Sinne:
Die auf der Seite von „:" stehende „Zeichenreihe" ist Abkürzung für die auf der anderen Seite stehende Formel bzw. den auf der anderen Seite stehenden Term. Dabei darf dort auch bereits eine Abkürzung stehen. In der neu eingeführten Zeichenreihe dürfen neue Zeichen vorkommen, die nicht Zeichen der formalen Theorie im Sinne von 1.7 sind.
Wir setzen $\varphi \not\subset \psi :\Leftrightarrow \neg(\varphi \subset \psi)$.

1.9 Wir geben die Axiome der Mengenlehre mit kurzer Diskussion an:
Mengen, die dieselben Elemente haben, sind gleich:
(MA1) $\bigwedge_X \bigwedge_Y (X \subset Y \wedge Y \subset X \Rightarrow X = Y)$ ist ein Axiom.
Daß Mengen, die gleich sind, dieselben Elemente haben, ist ein Satz, den man ohne MA1 beweisen kann.
Die drei folgenden Axiome und zwei Schemata dienen zur Konstruktion von Mengen:
Zu je zwei Objekten gibt es die Menge, die gerade diese enthält:
(MA2) $\bigwedge_a \bigwedge_b \bigvee_M \bigwedge_x (x \in M \Leftrightarrow x = a \vee x = b)$ ist ein Axiom.
M ist nach MA1 eindeutig bestimmt und wird mit $\{a,b\}$ bezeichnet. Um die Abkürzung weniger suggestiv aber korrekt einzuführen, müssen wir sagen: Sind α, β Terme und ξ, μ verschiedene Buchstaben, die in α, β nicht vorkommen, so wird der durch $\tau_\mu \bigwedge_\xi(\xi \in \mu \Leftrightarrow (\xi = \alpha \vee \xi = \beta))$ bezeichnete Term, der unabhängig von der Wahl von μ und ξ ist [5]), mit $\{\alpha,\beta\}$ abgekürzt. ξ und μ kommen in dem durch $\{\alpha,\beta\}$ abgekürzten Term nicht vor, was man sich wegen der Erstreckung von τ, $\bigvee$, $\bigwedge$ über $\{\alpha,\beta\}$ merke.

Zu jeder Menge gibt es die Potenzmenge (Menge aller Teilmengen):

(MA3) $\bigwedge_M \bigvee_P \bigwedge_A (A \in P \Leftrightarrow A \subset M)$ ist ein Axiom.

Die Elemente von P sind die Teilmengen von M. Für P schreiben wir $\mathfrak{P}M$ (Potenzmenge von M). Genauer: Ist φ ein Term und sind ξ, η verschiedene Buchstaben, die in φ nicht vorkommen, so ist der durch $\tau_\xi \bigwedge_\eta(\eta \in \xi \Leftrightarrow \eta \subset \varphi)$ bezeichnete Term unabhängig von der Wahl von ξ und η [5]).

Wir kürzen $\tau_\xi \bigwedge_\eta(\eta \in \xi \Leftrightarrow \eta \subset \varphi) =: \mathfrak{P}\,\varphi$ ab.

Mengen kann man vereinigen. Da man vermuten wird, daß man nicht die „Vereinigung aller Mengen" bilden kann (1.11, 1.17), verlangen wir die Existenz der Vereinigung nur, wenn eine Menge existiert, deren Elemente die zu vereinigenden Mengen sind:

(MA4) $\bigwedge_M \bigvee_N \bigwedge_x (x \in N \Leftrightarrow \bigvee_y (x \in y \wedge y \in M))$ ist ein Axiom. Statt $\Leftrightarrow$ genügt $\Leftarrow$, wenn man das unten folgende Schema S8 benutzt.

N wird mit $\bigcup M$, oft mit $\bigcup_{y \in M} y$ bezeichnet. Genauer: „Ist φ ein Term und sind ξ, η, χ paarweise verschiedene Buchstaben, die in φ nicht vorkommen, so ist der mit $\tau_\chi \bigwedge_\xi(\xi \in \chi \Leftrightarrow \bigvee_\eta (\xi \in \eta \wedge \eta \in \varphi))$ bezeichnete Term unabhängig von ξ, η, χ [5]) und wird mit $\bigcup \varphi$ abgekürzt."

<u>1.10</u> $\bigvee_M \bigwedge_x (x \in M \Leftrightarrow \Phi)$ ist nicht für jedes Φ ein Satz: $x \notin x$ für Φ liefert die bekannte Russelsche Antinomie (1.11, 1.17.1).

Wir hoffen (!) jedoch, daß die hier beschriebene Mengenlehre widerspruchsfrei ist.

Φ sei eine Formel, ξ, η, η' seien Buchstaben, wobei η, η' in Φ nicht vorkommen und von ξ verschieden sind.

$\bigvee_\eta \bigwedge_\xi(\xi \in \eta \Leftrightarrow \Phi)$ und $\bigvee_{\eta'} \bigwedge_\xi(\xi \in \eta' \Leftrightarrow \Phi)$ sind Abkürzungen für dieselbe Formel, in der ξ und η bzw. η' nicht vorkommen. $\bigvee_\eta \bigwedge_\xi(\xi \in \eta \Leftrightarrow \Phi)$ ist zu lesen „Φ sammelt (die) ξ" und wird $\mathrm{Coll}_\xi\, \Phi$ abgekürzt (relation collectivisante).

Ist $\mathrm{Coll}_\xi\, \Phi$ ein Satz, so kürzen wir $\tau_\eta \bigwedge_\xi(\xi \in \eta \Leftrightarrow \Phi) =: \{\xi | \Phi\}$ ab (s.o. η, η' etc.). $\{\xi|\Phi\}$ heißt „die Menge der ξ mit Φ"; ξ kommt in dem mit $\{\xi|\Phi\}$ bezeichneten Term nicht vor. Sind $\varphi_1,\ldots,\varphi_n$ Terme, in denen ξ nicht vorkommt, und ist Φ die Formel $\xi = \varphi_1 \vee \xi = \varphi_2 \vee \ldots \vee \xi = \varphi_n$, so schreibt man, da aus den Axiomen folgt, daß Φ die ξ sammelt, $\{\varphi_1,\ldots,\varphi_n\}$ für $\{\xi|\Phi\}$ in Übereinstimmung mit der nach MA2 eingeführten Bezeichnung. Häufiger Sprachmißbrauch (abus de langage) ist „$\{\xi|\Phi\}$ existiert" für „$\mathrm{Coll}_\xi\Phi$".

Die Axiome MA2 - MA4 kann man als

MA2: $\bigwedge_a \bigwedge_b \mathrm{Coll}_x(x = a \vee x = b)$,

MA3: $\bigwedge_M \mathrm{Coll}_A(A \subset M)$ und

MA4: $\bigwedge_M \mathrm{Coll}_x(x \in y \wedge y \in M))$

formulieren.

1.11 Wie eingangs 1.10 bemerkt, kann in einer widerspruchsfreien Mengenlehre nicht jede Formel sammeln. Man erwartet jedoch, daß Eigenschaften Elemente aus gegebenen Mengen aussondern. Wir vereinbaren das Schema:

(S8) Ist Φ eine Formel, und sind ξ, μ verschiedene Buchstaben, so ist

$$\bigwedge_\mu \mathrm{Coll}_\xi(\xi \in \mu \wedge \Phi) \text{ ein Axiom.}$$

Zu jeder Formel der Form $\xi \in \mu \wedge \Phi$ existiert also „die Menge der ξ aus μ, auf die Φ zutrifft": $\{\xi \mid \xi \in \mu \wedge \Phi\}$.

Die Annahme der Existenz der „Menge aller Mengen" oder der „Vereinigung aller Mengen" führt mit S8 z.B. zu der Russelschen Antinomie. Da man auf S8 nicht verzichten will, verzichtet man auf die „Menge aller Mengen" (vgl. auch 1.17.1).

Ist λ eine Menge, so erwartet man, eine Menge zu erhalten, wenn man jedes Element von λ durch „etwas anderes" ersetzt. Die Ersetzungsvorschrift wird natürlich durch eine Formel beschrieben: Φ sei eine Formel, ξ ein Buchstabe. Existiert genau ein ξ mit der Eigenschaft Φ, so heißt Φ funktionell in ξ. Genau kürzen wir also die durch $\bigvee_\xi \Phi \wedge \bigwedge_\xi(\Phi \Rightarrow \xi = \tau_\xi \Phi)$ definierte Formel mit $\mathrm{Fun}_\xi \Phi$ (Φ ist funktionell in ξ) ab.

Unter einer Ersetzungsvorschrift für die Elemente von λ wird man eine Formel verstehen, in der vielleicht ξ und η (η als Variable für die Elemente von λ) vorkommen und die für jedes feste η funktionell in ξ ist.

Wir vereinbaren das Schema

(S9) Ist Φ eine Formel und sind ξ, η, λ paarweise verschiedene Buchstaben, so ist

$$\bigwedge_\lambda\Big((\bigwedge_\eta(\eta \in \lambda \Rightarrow \mathrm{Fun}_\xi \Phi)) \Rightarrow \mathrm{Coll}_\xi(\bigvee_\eta(\eta \in \lambda \wedge \Phi))\Big) \text{ ein Axiom.}$$

Man beachte, daß λ durch das Einsetzen des $\tau_\xi \Phi$ für die η „kleiner" werden kann, wenn nämlich verschiedenen η dasselbe ξ zugeordnet wird.

Φ mit $\bigwedge_\eta(\eta \in \lambda \Rightarrow \mathrm{Fun}_\xi \Phi)$ erscheint zunächst als Verallgemeinerung einer Abbildung $\lambda \longrightarrow ?$. S9 besagt, daß eine Menge existiert, die man an Stelle von ? setzen kann (Natürlich muß man noch einen Graphen konstruieren (1.15.1, Nachweis von S9)).

1.12 Bourbaki verwendet zur Mengenlehre einen weiteren Termbilder von Gewicht 2, der aus zwei Termen φ, ψ den üblicherweise (φ,ψ) abgekürzten Term „geordnetes Paar" bildet. Da man von geordneten Paaren

(1.12.1) $\bigwedge_x \bigwedge_y \bigwedge_{x'} \bigwedge_{y'}((x,y) = (x',y') \Leftrightarrow (x = x' \wedge y = y'))$

erwartet, ist 1.12.1 ein Axiom ($\Rightarrow$ genügt). Die Einführung von geordneten Paaren kann mit Hilfe der anderen Zeichen und Abkürzungen z.B. durch

(1.12.2) $(\varphi,\psi) := \{\{\varphi\},\{\varphi,\psi\}\}$

erfolgen. 1.12.1 ist dann beweisbar (Halmos [18; 6 p. 23]). Die Paarbildung mit einem Zeichen gibt keine Vorstellung von den Elementen von (φ,ψ). Andererseits interessieren die Elemente nicht und bei 1.12.2 wird der Akzent auf eine Form von (φ,ψ) gesetzt, die völlig uninteressant ist. Einziges Interesse besteht für die Formel 1.12.1. Wir nehmen also geordnete Paare (φ,ψ) als - wie auch immer - gegeben an, so daß 1.12.1 ein Satz ist.

1.13 $\emptyset$ bezeichnet die „leere Menge", deren Existenz beweisbar ist (Bourbaki [3; 1.7], Godement [16, 1.4]). $\bigwedge_x(x \notin \emptyset)$ ist ein Satz und $\emptyset$ der durch diese Formel (eindeutig: MA1) charakterisierte Term ($\emptyset$ bezeichnet $\tau \neg\neg\neg \in \tau \neg\neg \in \square\square\square$).
Es gilt $\bigwedge_y(\emptyset \subset y)$.
Nach MA2 kann man mit $\emptyset$ der Reihe nach bilden $\{\emptyset\} = \{\emptyset, \emptyset\}$, $\{\{\emptyset\}\} = \{\{\emptyset\}, \{\emptyset\}\}$, $\{\{\{\emptyset\}\}\}$, ... Jede Menge, die bei dieser Iteration $y \longrightarrow \{y\}$ auftritt, ist von allen vorhergehenden und $\emptyset$ verschieden: $\{\emptyset\} \neq \emptyset$, da $\emptyset$ kein, aber $\{\emptyset\}$ genau ein Element hat. $\{\{\emptyset\}\} \neq \emptyset$ entsprechend, $\{\{\emptyset\}\} \neq \{\emptyset\}$, da beide genau ein Element haben, die Elemente aber verschieden sind ($\{\emptyset\} \neq \emptyset$ wie oben gezeigt). Die $\emptyset$, $\{\emptyset\}$, $\{\{\emptyset\}\}$, ... repräsentieren (sind) die Zahlen 0, 1, 2, ...
Oft beginnt man mit $\emptyset$ und iteriert $\varphi \longrightarrow \varphi \cup \{\varphi\}$, wobei man $\emptyset$, $\{\emptyset\}$, $\{\emptyset,\{\emptyset\}\}$, $\{\emptyset,\{\emptyset\},\{\emptyset,\{\emptyset\}\}\}$, ... erhält. In diesem Falle ist die Anzahl der Elemente von φ die durch φ repräsentierte Zahl (im ersten Falle die Zahl der Klammern).
Als Unendlichkeitsaxiom vereinbaren wir

(MA5) $\bigvee_M(\emptyset \in M \wedge \bigwedge_y (y \in M \Rightarrow \{y\} \in M))$ ist ein Axiom.

Die Menge $\{\emptyset, \{\emptyset\}, \{\{\emptyset\}\}, ...\} = \{0, 1, 2, ...\} =: \mathbb{N}$, deren Existenz man jetzt beweisen kann (Sprachmißbrauch), heißt „Menge der natürlichen Zahlen".
Damit sind die üblichen Axiome der Mengenlehre abgeschlossen. Das oft verlangte Auswahlaxiom (Zermelo) ist bei Anwesenheit von τ entbehrlich (Bourbaki [3, 5.4]).

1.14 Da wir Grundlagen nur referieren, soweit wir sie brauchen und für weniger bekannt halten, gehen wir nur mit Bemerkungen auf die weitere Mengenlehre ein:
Zu Mengen X, Y existiert $\{(x,y) \mid x \in X \text{ und } y \in Y\} =: X \times Y$, das kartesische Produkt.
Abbildungen (Graphen, Korrespondenzen) definiert man wie in 0.5.1, 0.5.2, wobei Tripel benutzt werden, die man z. B. als $((a,b),c) =: (a,b,c)$ definieren kann. Iteration ergibt n - Tupel. Die Korrespondenzen (Abbildungen) einer Menge X in eine Menge Y bilden wieder eine Menge. Die Menge der Abbildungen von X in Y bezeichnet man häufig mit Y^X.
Graphen kann man scheinbar verallgemeinern, indem man nicht von vornherein $F \subset X \times Y$ verlangt, sondern nur

(1.14.1) $\bigwedge_z (z \in F \Rightarrow \bigvee_x \bigvee_y z = (x,y))$.

Man kann dann aber die Existenz von $X := \{x \mid \bigvee_y((x,y) \in F)\}$ und $Y := \{y \mid \bigvee_x((x,y) \in F)\}$ beweisen, und es ist $F \subset X \times Y$.
X bzw. Y heißen erste bzw. zweite Projektion von F, $X =: pr_1 F$, $Y =: pr_2 F$.

Eine Abbildung $f = (X, Y, F)$ bezeichnet man häufig als eine „mit den Elementen von X indizierte Familie von Elementen aus Y".
Legt man keinen Wert auf Y, so nennt man einfach F eine „(Mengen-)Familie mit Indexmenge X", da man $X = pr_1 F$ aus F bestimmen kann, nicht jedoch Y. Ist $X = \{1,\dots,n\}$, so vereinbart man für $1,\dots,n$ die natürliche Reihenfolge (als Zahlen: $1 \in 2 \in 3 \in \dots \in n$ (1.13)) und kürzt die Familie F durch Angabe der Bilder der $1,\dots,n$ in der entsprechenden Reihenfolge als $(x_1,\dots,x_n)$ ab. Entsprechend steht oft $(y_x \mid x \in X)$ für nicht endliches X, wobei $y_x = f_x$ mit $f = (X, Y, F)$ ist. Ist $(y_x \mid x \in X)$ Abkürzung für $f = (X, Y, F)$, so gilt $\{y_x \mid x \in X\} = \{f_x \mid x \in X\} = \{y \mid \bigvee_x (x,y) \in F)\} = pr_2 F$. Statt $\cup\{y_x \mid x \in X\}$ schreibt man oft $\bigcup_{x \in X} y_x$. Man vermeide $\cup(y_x \mid x \in X)$, da diese Bezeichnung mit unserer Einführung von $\cup$ nach MA4 nicht verträglich ist. Für die Indexmenge wählt man oft die Bezeichnung I oder J.

1.15 Die Einführung der Menge U in den Beispielen 0.5.3 und in 0.7 erfolgte wegen der mit der „Menge aller Mengen" verbundenen Schwierigkeiten. Hat man Me_U, so ist es nützlich, wenn man bei Konstruktion neuer Mengen aus den Objekten von Me_U, also den Elementen von U, wieder Objekte von Me_U erhält. Die Axiome MA2 - 5 und Schemata S8 - 9 beschreiben die zulässigen Konstruktionen von Mengen aus Mengen (Terme $\tau_\xi \Phi$ mit $(\tau_\xi \Phi | \xi)\Phi$). Etwas schärfer und anschaulicher verlangen wir, daß die Axiome und Schemata der Mengenlehre für die Elemente von U gelten sollen.

Das führt zu Forderungen an U und zu einer starken Mengenlehre, in der Mengen (wie U) existieren, die diesen Forderungen genügen. Wir vertrauen auf die Plausibilität der Forderungen an U und präzisieren oder beweisen die Aussage „Die Axiome und Schemata der Mengenlehre gelten für die Elemente von U" nicht, da wir nur von einzelnen Eigenschaften von U Gebrauch machen werden [6].

1.15.1 Mengen A, B sind gleich, wenn sie dieselben Elemente haben.
Für A, B ∈ U will man sich auf den Vergleich der Elemente aus U beschränken. Das ist möglich, wenn man

(Univ 1) $\bigwedge_A (A \in U \Rightarrow A \subset U)$

für U verlangt. MA2 - 5 und S8 - 9 sind Existenzaussagen über Mengen. Die Mengen, deren Existenz behauptet wird, sollen Elemente von U sein, sofern die zur Konstruktion benutzten Mengen aus U sind:

(Univ 2) $\bigwedge_A \bigwedge_B (A \in U \wedge B \in U \Rightarrow \{A,B\} \in U)$

(Univ 3) $\bigwedge_M (M \in U \Rightarrow \mathfrak{P}\, M \in U)$

(Univ 4) $\bigwedge_f \bigwedge_I (f \in U^I \wedge I \in U \Rightarrow \bigcup \{fi \mid i \in I\} \in U)$

(Univ 5) $\mathbb{N} \in U$

MA2 - 3 vergleiche man mit Univ 2 - 3. MA4: Man setze I ∈ U voraus. Ist i ∈ I, so i ∈ U (Univ 1), daher $1_I \in U^I$ und $\bigcup I = \bigcup \{1_I i \mid i \in I\} \in U$ (Univ 4).
MA5: $\mathbb{N}$ hat die in MA5 geforderte Eigenschaft $\emptyset \in \mathbb{N}$ und $\bigwedge_y (y \in \mathbb{N} \Rightarrow \{y\} \in \mathbb{N})$.
S8: Stets ist $\{\xi \mid \xi \in \mu \wedge \Phi\} \subset \mu$. Da $\eta \subset \mu$ mit $\eta \in \mathfrak{P}\,\mu$ äquivalent ist, gilt $\bigwedge_\eta \bigwedge_\mu (\mu \in U \wedge \eta \subset \mu \Rightarrow \eta \in U)$ mit Univ 3 und Univ 1.
S9: Sei λ ∈ U. Ersetzt man die Elemente von λ durch irgendwelche Elemente von U, so erhält man eine Menge (S9). Diese Menge soll in U liegen: Φ sei für jedes $\eta \in \lambda$ funktionell in ξ, und es gelte $\lambda \in U \wedge \bigwedge_\eta (\eta \in \lambda \Rightarrow \tau_\xi \Phi \in U)$. Da mit ξ ∈ U auch $\{\xi\} = \{\xi,\xi\} \in U$ ist, ist $(\lambda, U, \{(\eta,\{\xi\}) \mid \eta \in \lambda \wedge \Phi\}) \in U^\lambda$. Dann ist $\{(\eta,\{\xi\}) \mid \eta \in \lambda \wedge \Phi\} \subset \lambda \times U$ ein Graph und $\{\xi \mid \bigvee_\eta (\eta \in \lambda \wedge \Phi)\} = \bigcup \{\{\xi\} \mid \bigvee_\eta (\eta \in \lambda \wedge \Phi)\} \in U$ (Univ 4). $\{\xi \mid \bigvee_\eta (\eta \in \lambda \wedge \Phi)\}$ ist die Menge von S9.
Die Bemerkungen zu MA4 und S9 geben einen Hinweis auf eine mögliche Zusammenfassung von MA4 und S9. Man vergleiche mit S8 von Bourbaki [3, 1.6], wo unser MA4, S8 und S9 zusammengefaßt sind.

1.16 U mit Univ 1 - 5 heißt Universum (Sonner [34], Chevalley-Gabriel [9], Gabriel [15], man vergleiche auch Tarski [35, § 2]). An den zitierten Stellen wird nur Univ 1 - 4 verlangt. Ohne Univ 5 kann man zeigen, daß für jedes Universum U gilt

$U \neq \emptyset \Rightarrow \mathbb{N} \subset U$, daß also U unendlich ist: Ist $U \neq \emptyset$, so existiert $x \in U$. Da $\emptyset \subset x$ ist, ist $\emptyset \in U$ ($\emptyset \in \mathfrak{P}x \in U$ (Univ 3) (Univ 1)) und $\{\emptyset\} = \{\emptyset,\emptyset\} \in U$ (Univ 2). Iteration. Da wir erwarten, daß U ein Modell der vollen Mengenlehre ist im Sinne der unpräzisen Bemerkungen vor 1.15.1, haben wir die Definition verschärft.

Zur Existenz von Universen vereinbaren wir

(MA6) $\bigwedge_A \bigvee_U$ ($A \in U \wedge U$ ist Universum) ist ein Axiom.

Die starke Mengenlehre ist die formale logische Theorie mit Gleichheitszeichen, dem weiteren Formelbilder $\in$ von Gewicht 2, den Axiomen MA1 - 6 und Schemata S8 - 9.

1.17 Für jedes Universum U ist $U \notin U$, jedoch U die Vereinigung seiner Elemente. Jedes Universum enthält $\emptyset, \mathbb{N}, \mathbb{Z}$ (ganze Zahlen), $\mathbb{Q}$ (rationale Zahlen), $\mathbb{R}$ (reelle Zahlen), $\mathbb{C}$ (komplexe Zahlen) als Elemente.

Satz 1.17.1. U Universum $\Rightarrow U \notin U$.

Beweis: Sei $W := \{x \mid x \in U \wedge x \notin x\}$ (S8). Die Formeln $x \in W$ und $x \in U \wedge x \notin x$ sind äquivalent. Ist $U \in U$, so $W \in U$ wegen $W \subset U$. Damit gelangt man mit „Ist $W \in W$ oder ist $W \notin W$?" zur Russelschen Antinomie $W \in W \Leftrightarrow W \in U \wedge W \notin W$.

Satz 1.17.2. U Universum $\Rightarrow U = \bigcup U$.

Beweis: $\bigcup U = \{x \mid \bigvee_y (x \in y \wedge y \in U)\}$. 1. $U \subset \bigcup U$: Sei $x \in U$. Wegen $x \in \{x,x\} \in U$ (Univ 2) ist $x \in \bigcup U$. 2. $\bigcup U \subset U$: Aus $x \in y \in U$ folgt $x \in U$ (Univ 1). Man zeige $\mathbb{Z}, \mathbb{Q}, \mathbb{R}, \mathbb{C} \in U$ (Sonner [34, 3 Prop. 6]).

1.18 Wir verstehen die Definition der Beispielkategorien $Me = Me_U$, $Mo = Mo_U$ etc. in 0.5.3 in Zukunft so, daß U ein Universum ist, das wir ein für alle Mal fest wählen. Wir sprechen dann von der Kategorie der Mengen Me und meinen Me_U. Z.B. in 4.1.1 (und an anderen Stellen) wird benötigt, daß U ein Universum ist. U kann nach MA6 „beliebig groß" gewählt werden.

Eine Kategorie heißt vom Typ U, wenn (U ein Universum ist und) $Mor_{\mathfrak{C}} \subset U$ und $|\mathfrak{C}| \subset U$ sind. Man überlege, daß Me_U etc. in 0.5.3 sämtlich vom Typ U sind.

Die in 0.7 eingeführte Kategorie Fun_U =: Fun hat als Objekte alle Kategorien vom Typ U und als Morphismen alle Funktoren zwischen Kategorien vom Typ U mit Nacheinanderausführen als Komposition. An Hand von Sonner [34, 5.2] überlege man, daß „$\mathfrak{C}$ ist Kategorie vom Typ U" eine in $\mathfrak{C}$ sammelnde Formel ist (abkürzt) etc..

Fun_U wird im allgemeinen nicht vom Typ U sein.

Da U fest gewählt wird und weiterhin nicht mehr explizit vorkommt, behalten wir uns vor, den Buchstaben U weiterhin als Variable für Funktoren etc. zu verwenden.

2. Kategorien, Dualität, Funktoren, Natürlichkeit

$(M, \perp)$ sei eine Gruppe, also M eine Menge und $\perp$ eine Abbildung $M \times M \longrightarrow M$, die den Gruppenaxiomen (z.B. Godement [16, 7.1]) genügt.

Man beweist z. B.

Satz 1: „Für $(a,b) \in M \times M$ existiert genau ein $x \in M$ mit $xa = b$" und

Satz 2: „Für $(a,b) \in M \times M$ existiert genau ein $x \in M$ mit $ax = b$"

mit der üblichen Abkürzung $\perp(a,x) =: a \perp x =: ax$ etc.. Ist Satz 1 bewiesen, so bemerkt man, Satz 2 gehe analog, symmetrisch oder „genauso". Das hier benutzte „Dualitätsprinzip" führt in seiner Übertragung auf Kategorien zu wesentlicher Arbeitsersparnis. Bei komplizierten Aussagen über mehrere Kategorien und Funktoren verliert man jedoch leicht die Übersicht, wenn man nicht das zugrundeliegende Dualitätsprinzip genau verstanden hat. Da die Theorie in ihrer Entwicklung immer weitere Abkürzungen einführt, muß man von vornherein außerdem eine Liste der zueinander dualen Abkürzungen anlegen.

Wir beschreiben den Übergang von Satz 1 zu Satz 2 genauer: Man bezeichnet präziser ax mit $a \perp x$ und beweist Satz 1. Dann definiert man $\top : M \times M \longrightarrow M$ durch $a \top b := b \perp a$ und zeigt „$(M, \top)$ ist eine Gruppe". Dann gilt Satz 1 für $(M, \top)$ statt $(M, \perp)$. Nach Definition von $\top$ ist das gerade Satz 2 für $(M, \perp)$.

2.1 Wir definieren eine Kategorie zunächst im Sinne von 0.4 als Paar (M,K) mit Morphismenmenge M und Komposition K (Graph der Abbildung $\varkappa$ mit $M \times M \supset T \xrightarrow{\varkappa} M$ von 0.1). Es ist wie in 0.1 (und z.B. bei Gruppen) unzweckmäßig, mit K zu arbeiten. Wir verwenden

(2.1.1) $g\Delta f := \tau_h((f,g,h) \in K)$

- wie früher „g nach f" - und vermeiden K soweit als möglich in der Formulierung der Axiome. Nach Angabe der Axiome wird sich

(2.1.2) $g\Delta f \in M \Leftrightarrow (f,g) \in pr_1 K$

ergeben ($pr_1 K = T$ von 0.1). Wir sehen daher $g\Delta f \in M$ als Ersatz für „$(f,g) \in T$" von 0.1 oder den Sprachmißbrauch „gf ist definiert" an.

Im Gegensatz zu $g \circ f$, gf von 0.1 ist $g\Delta f$ immer ein Term. Wir vereinbaren für später den Gebrauch der Abkürzung $g \circ f$ oder gf für $g\Delta f$, wenn $g\Delta f \in M$ ist. Statt „$g\Delta f$" sollten wir „Sind φ, ψ Terme ..." sagen. Wir verzichten auf diese Genauigkeit.

Ist e ein Term, so steht „e ist Einheit (von (M,K))" für die Formel

$(\bigwedge_f (f\Delta e \in M \Rightarrow f\Delta e = f)) \wedge \bigwedge_f (e\Delta f \in M \Rightarrow e\Delta f = f)$.

(2.1.3) Die „Theorie der Kategorien (M,K)" ist die formale Theorie $\mathfrak{K}$, die nicht schwächer ist als die (starke) Mengenlehre [7]) und 2.1.4 - 2.1.7 als zusätzliche Axiome hat:

(2.1.4. Assoz.) $\bigwedge_f \bigwedge_g \bigwedge_h h\Delta(g\Delta f) = (h\Delta g)\Delta f$ ist ein Axiom,
wonach wir $h\Delta(g\Delta f) = (h\Delta g)\Delta f =: h\Delta g\Delta f$ schreiben.

(2.1.5. Kompos.) $\bigwedge_f \bigwedge_g \bigwedge_h (h\Delta g \in M \wedge g\Delta f \in M \Leftrightarrow h\Delta g\Delta f \in M)$ ist ein Axiom.

(2.1.6. Einheit) $\bigwedge_f \Big(f \in M \Rightarrow ((\bigvee_e(f\Delta e \in M \wedge e$ ist Einheit$)) \wedge \bigvee_e(e\Delta f \in M$ und e ist Einheit$))\Big)$ ist ein Axiom.

Die Elemente von M heißen Morphismen von (M,K). Voraussetzungen $(f,g,h) \in K$ oder $f, g, h, e \in M$ etc. sind außer den gemachten überflüssig: Sei z. B. $g\Delta f \in M$. Dann existiert eine Einheit e mit $(g\Delta f)\Delta e \in M$. Dann ist $f\Delta e \in M$ (2.1.5) und $f\Delta e = f$, da e Einheit ist, also ist $f \in M$. Ferner existiert eine Einheit e' mit $e'\Delta(g\Delta f) \in M$, also $e'\Delta g \in M$, $e'\Delta g = g$, also $g \in M$. Der letzte Satz ist ein Beispiel für die unten einzuführende Dualität.

Um K als Graph einer Abbildung $M \times M \supset T = pr_1 K \longrightarrow M$ auffassen zu können, vereinbaren wir

(2.1.7) $K = \{((f,g),g\Delta f) \mid g\Delta f \in M\}$ ist ein Axiom, wobei die rechts stehende Menge wegen $g\Delta f \in M \Rightarrow ((f,g),g\Delta f) \in (M \times M) \times M$ existiert. (Wir schreiben weiterhin $(f,g,h) := ((f,g),h)$). Mit 2.1.7 ist $(pr_1 K, M, K) =: \varkappa$ eine Abbildung und $(f,g) \in pr_1 K \Leftrightarrow g\Delta f \in M$ (2.1.2). K erscheint als Hilfskonstante für die Dualisierung (2.2, 2.4), und 2.1.7 spielt keine Rolle in der Theorie. Statt mit (M,K) kann man auch mit M und einem spezifischen Termbilder Δ arbeiten.

(2.1.8) Wünscht man Objekte, so führt man mit

(2.1.9. Objekte) „σ ist eine bijektive Abbildung von $E := \{e \mid e \in M$ und e ist Einheit$\}$ auf $\mathcal{O}$" ist ein Axiom

zwei neue Konstanten σ und $\mathcal{O}$ ein. $\mathcal{O}$ ist die Menge der Objekte. Quelle und Ziel eines Morphismus $f \in M$ erhält man als

(2.1.10) $Qf := \sigma\, \tau_e(f\Delta e \in M$ und $e \in E)$ und

(2.1.11) $Zf := \sigma\, \tau_e(e\Delta f \in M$ und $e \in E)$,

wobei z.B. „$e\Delta f$ und $e \in E$" funktionell in e ist: Zu jedem $f \in M$ existiert (2.1.6) eine Einheit e mit $e\Delta f \in M$, woraus $e \in M$, also $e \in E$ folgt. Sei $e\Delta f \in M$, e Einheit, $e'\Delta f \in M$ und e' Einheit. Es ist $e\Delta f = f$, so daß $e'\Delta(e\Delta f) = e'\Delta f \in M$, also $e'\Delta e \in M$ und daher $e' = e'\Delta e = e$ ist.

Ebensogut kann man $\mathcal{O}$ und E miteinander identifizieren und die Einheiten suggestiv mit A, B, C ... oder X, Y, Z ... bezeichnen.

Die Formel $e \in E$ wird meist $e = 1$ abgekürzt. Mit diesem Mißbrauch muß man wegen S6 vorsichtig sein, da z.B. „$e = 1 \wedge e' = 1 \Rightarrow e = e'$" keineswegs richtig ist.

Schließlich kann man Q, Z, σ direkt zusammen durch ein Axiom einführen oder die Theorie wie in 0.1 aufbauen. Die Axiome von 0.1 sind mit 2.1.4 - 2.1.7, 2.1.9 - 2.1.11 und $\varkappa = (pr_1K, M, K)$, $T = pr_1K$ beweisbar. Man beachte, daß KD3 und KD4 zu den Axiomen gehören. Umgekehrt lassen sich 2.1.4 - 2.1.7, 2.1.9 - 2.1.11 aus den Axiomen von 0.1 beweisen, wenn man K als Graph von $\varkappa$ definiert und die Abbildung σ von 2.1.9 dadurch erklärt, daß jeder Einheit e das Objekt Qe = Ze zugeordnet wird. Eine zusätzliche Voraussetzung muß allerdings noch gemacht werden, zu deren Erklärung wir etwas ausholen müssen:

Seien Φ, Ψ Formeln und ξ, η Buchstaben. Sind $\bigwedge_\xi \neg\Phi$ und $\bigwedge_\eta \neg\Psi$ Sätze der Mengenlehre, so folgt aus 1.7 (S7), daß $\tau_\xi\Phi = \tau_\eta\Psi$ ist. Intuitiv betrachtet, heißt das: Gibt es kein Ding ξ mit der Eigenschaft $\Phi(\xi)$, so bezeichnet $\tau_\xi\Phi$ ein Ding, das unabhängig von der Wahl von Φ und ξ ist. Die zusätzliche Voraussetzung, die wir brauchen, um unsere jetzigen Axiome aus denen von 0.1 herzuleiten, ist $\tau_\xi\Phi \notin M$, wobei Φ irgendeine Formel ist, für die $\bigwedge_\xi \neg\Phi$ ein Satz ist (z. B. kann man $\xi \neq \xi$ für Φ nehmen). Diese Voraussetzung ist für die Anwendungen offenbar unschädlich.

<u>2.2</u> $\mathfrak{K}$ sei weiter die formale Theorie der Kategorien (M,K). Das Dualitätsprinzip in seiner einfachsten Form ist das Ableitbarkeitskriterium.

<u>Metasatz 2.2.1.</u> Ist Φ ein Satz von $\mathfrak{K}$ und $^*\Phi$ die Formel, die man aus Φ erhält, wenn bei jedem Δ in Φ die beiden Terme, „auf die Δ wirkt", vertauscht werden, so ist $^*\Phi$ ein Satz von $\mathfrak{K}$.

Dabei wird angenommen, daß K in Φ nicht erscheint. Sonst ersetzt man es mit 2.1.7. $^*\Phi$ heißt die zu Φ duale Formel. Offenbar ist $^{**}\Phi$ wieder Φ.

Der Satz ist plausibel, gehen doch die Axiome 2.1.4 - 2.1.7 bei $\xi\Delta\eta \longrightarrow \eta\Delta\xi$ in zu den Axiomen äquivalente Sätze über. Das ist aber kein Beweis. Man muß die Verträglichkeit der Dualisierung mit allen Axiomen und Schemata von $\mathfrak{K}$, auch denen der Mengenlehre, nachweisen. Wir gehen allgemeiner vor: $\mathfrak{T}$, $\mathfrak{T}'$ seien formale Theorien, sei $\mathfrak{T} < \mathfrak{T}'$ und habe $\mathfrak{T}'$ nicht mehr Zeichen als $\mathfrak{T}$. $\xi_1,\dots,\xi_n$ seien verschiedene Buchstaben, die nicht Konstante von $\mathfrak{T}$, möglicherweise aber von $\mathfrak{T}'$, sind. $\varphi_1,\dots,\varphi_n$ seien Terme von $\mathfrak{T}'$ ($\mathfrak{T}$ und $\mathfrak{T}'$ haben dieselben Terme). Ist Φ eine Zeichenreihe, so bezeichne $(\varphi_1,\dots,\varphi_n \mid \xi_1,\dots,\xi_n)\,\Phi$ - in diesem Zusammenhang kurz $^*\Phi$ - die Zeichenreihe, die man erhält, wenn man in Φ gleichzeitig die ξ_i durch die φ_i ersetzt. Das läßt sich auf 1.5 zurückführen, indem man Hilfsbuchstaben einführt: $\eta_1,\dots,\eta_n$ seien paarweise verschiedene Buchstaben, die weder in

Φ noch in den φ_i vorkommen und von den ξ_j und den Konstanten von $\mathfrak{T}$ verschieden sind. $^*\Phi$ bezeichnet die früher mit $(\varphi_1 \mid \eta_1) \ldots (\varphi_n \mid \eta_n)(\eta_1 \mid \xi_1) \ldots (\eta_n \mid \xi_n)\Phi$ abgekürzte Zeichenreihe. Das Ergebnis hängt von der Wahl der $\eta_1,\ldots,\eta_n$ innerhalb der gemachten Einschränkungen nicht ab.

$\Phi_1,\ldots,\Phi_m$ seien die expliziten Axiome von $\mathfrak{T}'$, die nicht Axiome von $\mathfrak{T}$ sind. $^*\mathfrak{T}'$ sei die Theorie, die mit $\mathfrak{T}'$ in Zeichen, Axiome von $\mathfrak{T}$ und Schemata übereinstimmt, aber statt der expliziten Axiome $\Phi_1,\ldots,\Phi_m$ die $^*\Phi_1,\ldots,{}^*\Phi_m$ hat.

<u>Metasatz 2.2.2.</u> Ist Φ ein Satz von $\mathfrak{T}'$, so ist $^*\Phi$ ein Satz von $^*\mathfrak{T}'$.

Wir beweisen den Satz zusammen mit

<u>Metasatz 2.2.3.</u> (Dualitätsprinzip): Sind $^*\Phi_1,\ldots,{}^*\Phi_m$, Φ Sätze von $\mathfrak{T}'$, so ist $^*\Phi$ ein Satz von $\mathfrak{T}'$.

Beweis: (Bourbaki: [2, 2.3]): Ist die Folge $\Psi_1,\ldots,\Psi_k$ von Formeln von $\mathfrak{T}'$ ein Beweis für Φ in $\mathfrak{T}'$, so betrachte man die Folge $^*\Psi_1,\ldots,{}^*\Psi_k$ von Formeln von $\mathfrak{T}'$ bzw. $^*\mathfrak{T}'$. Unter diesen Formeln kommt $^*\Phi$ vor, und für die einzelnen $^*\Psi_i$ gilt: Ist Ψ_i ein explizites Axiom von $\mathfrak{T}$, so ist $^*\Psi_i$ mit Ψ_i identisch, da die $\xi_1,\ldots,\xi_n$ von den Konstanten von $\mathfrak{T}$ verschieden sind. Ist Ψ_i eines der Φ_j (explizites Axiom von $\mathfrak{T}'$ und nicht von $\mathfrak{T}$), so ist $^*\Psi_i$ ein Axiom von $^*\mathfrak{T}'$ und kann daher im Fall 2.2.2 stehenbleiben. Im Fall 2.2.3 ist $^*\Psi_i$ ein Satz von $\mathfrak{T}'$, und man ersetze es durch einen Beweis. Erhält man Ψ_i durch Anwendung eines Schemas von $\mathfrak{T}'$, so $^*\Psi_i$ durch Anwendung desselben Schemas, das auch Schema von $^*\mathfrak{T}'$ ist, wie man mit der Definition von $^*\Psi_i$, 1.2 und Zerlegung von $(\varphi_1,\ldots,\varphi_n \mid \xi_1,\ldots,\xi_n)$ in eine endliche Folge von Einzeleinsetzungen schließt. Ist Ψ_i Nachfolger von Ψ_j und $\Psi_j \Rightarrow \Psi_i$, so $^*\Psi_i$ Nachfolger von $^*\Psi_j$ und $^*\Psi_j \Rightarrow {}^*\Psi_i$, da die letzte Formel mit $^*(\Psi_j \Rightarrow \Psi_i)$ identisch ist. Damit sind die Möglichkeiten für $^*\Psi_i$ erschöpft.

<u>2.2.4.</u> $(\varphi_1,\ldots,\varphi_n \mid \xi_1,\ldots,\xi_n)$ heißt Dualität von $\mathfrak{T}'$ über $\mathfrak{T}$, wenn $(\varphi_1,\ldots,\varphi_n \mid \xi_1,\ldots,\xi_n)\varphi_j = \xi_j$ [8]) für jedes $j = 1,\ldots,n$ ein Satz von $\mathfrak{T}$ ist. Für jede Formel Φ von $\mathfrak{T}'$ ist dann $^{**}\Phi \Leftrightarrow \Phi$ und für jeden Term φ ist $^{**}\varphi = \varphi$ ein Satz von $\mathfrak{T}$. $^*\Phi$ ($^*\varphi$) heißt die (der) zu Φ (φ) duale Formel (Term). Φ (φ) heißt selbstdual, wenn $^*\Phi \Leftrightarrow \Phi$ ($^*\varphi = \varphi$) ein Satz von $\mathfrak{T}$ ist (In $\mathfrak{T}'$ ist $^*\Phi \Leftrightarrow \Phi$ nach 2.2.3 bei selbstdualen Axiomen immer ein Satz). Als zu Φ dual (im weiteren Sinne) bezeichnen wir jedes Ψ mit $\Psi \Leftrightarrow {}^*\Phi$ (in $\mathfrak{T}$).

<u>2.2.5.</u> Im Standardfall der Anwendung sind die Axiome $\Phi_1,\ldots,\Phi_m$ zusammen (vielleicht nicht einzeln) selbstdual: $\Phi_1 \wedge\ldots\wedge \Phi_m \Leftrightarrow {}^*\Phi_1 \wedge\ldots\wedge{}^*\Phi_m$. In diesem Falle gilt

<u>Corollar 2.2.6.</u> Φ ist ein Satz von $\mathfrak{T}'$, genau wenn $^*\Phi$.

Im Standardfall unserer Anwendung ist $\mathfrak{T}$ die (starke) Mengenlehre und $\mathfrak{T}'$ (Theorie einer Kategorie, mehrerer Kategorien und Funktoren) hat keine weiteren Schemata außer denen von $\mathfrak{T}$, der Axiome $\Phi_1,\ldots,\Phi_m$. Da die Mengenlehre keine Konstanten hat, unterliegen die $\xi_1,\ldots,\xi_n$ keinen Einschränkungen außer ihrer paarweisen Verschiedenheit. Man benutzt dann häufig den Satz:

Metasatz 2.2.7. Φ ist ein Satz von $\mathfrak{T}'$, genau wenn $\Phi_1 \wedge\ldots\wedge \Phi_m \Rightarrow \Phi$ ein Satz von $\mathfrak{T}$ ist.

Beweis: Bourbaki [2; 3.3 C.14], die andere Richtung ist trivial.

In diesem Sinne fassen wir Sätze über Kategorien auch als Sätze „Ist $\mathfrak{C}$ eine Kategorie, so ....“ der Mengenlehre auf.

Das Dualitätsprinzip lautet dann:

Metasatz 2.2.8. (Dualitätsprinzip): Sind $\Phi \Rightarrow \Psi$ und $\Phi \Rightarrow \Phi^*$ Sätze der Mengenlehre (von $\mathfrak{T}$), so ist $\Phi \Rightarrow \Psi^*$ ein Satz der Mengenlehre (von $\mathfrak{T}$).

Hier steht Φ für die Axiome $\Phi_1 \wedge\ldots\wedge \Phi_m$.

2.3 Beispiele:

2.3.1 Die Theorie einer teilweise geordneten (t-geordneten) Menge (M,σ) ist eine formale Theorie, die mindestens so stark ist wie die Mengenlehre und mit der Bezeichnung „$f < g :\Leftrightarrow (f,g) \in \sigma$“ die Axiome

(01) $\bigwedge_{f,g}\ f < g \Rightarrow f \in M$ und $g \in M$,

(02) $\bigwedge_{f,g}\ \sigma = \{(f,g) \mid f < g\}$,

(01), (02): i.e. $\sigma \subset M \times M$

(t01) $\bigwedge_{f}\ f < f$,

(t02) $\bigwedge_{f,g}\ (f < g < f \Rightarrow f = g)$,

(t03) $\bigwedge_{f,g,h}\ (f < g < h \Rightarrow f < h)$ hat.

Die übliche und bekannte Dualität ist $(\{(f,g) \mid (g,f) \in \sigma\} \mid \sigma)$, also $f < g \longmapsto g < f$. Die Axiome sind selbstdual. Wir machen von diesem Beispiel in [39] Gebrauch.

2.3.2 Definition von topologischen Räumen mit offenen bzw. abgeschlossenen Mengen. Vertauschung der Rolle der offenen und abgeschlossenen Mengen (des Hüllen- und Kernoperators) bei gleichzeitiger Ordnungsdualisierung nach 2.3.1 in der Potenzmenge des betrachteten Trägers. (Lehrbücher der Topologie, z.B. Bourbaki [5]).

2.3.3 Inzidenzstrukturen (Projektive Ebenen).

2.3.4. Invarianzaussagen der theoretischen Physik bei geeigneter Formalisierung der Theorie.

2.4 Beispiele Fortsetzung (Kategorien): „(M,K) ist eine Kategorie" steht für die Formel „2.1.4 ∧ 2.1.5 ∧ 2.1.6 ∧ 2.1.7" der Mengenlehre. Im Sinne von 0.1 sprechen wir auch von der Kategorie (𝔒, M, Q, Z, ϰ) und kürzen (M,K) oder (𝔒, M, Q, Z, ϰ) mit ℭ, 𝔇, etc. ab. ({(g,f,h) | (f,g,h) ∈ K} | K) ist eine Dualität der Mengenlehre über sich selbst oder der Theorie mit zusätzlichem Axiom „(M,K) ist eine Kategorie" über der Mengenlehre. Wir bezeichnen wieder ({(g,f,h) | (f,g,h) ∈ K} | K) Φ als *Φ. Nach Definition ist *K = {(g,f,h) | (f,g,h) ∈ K} und (f,g,h) ∈ K äquivalent zu (g,f,h) ∈ *K, also (f,g,h) ∈ K ⇔ (g,f,h) ∈ *K ein Satz. S7 (1.7) liefert (*(gΔf)) = τ_h((f,g,h) ∈ *K) = τ_h((g,f,h) ∈ K) = fΔg, offensichtlich die 2.2.1 zugrundegelegte Umformung. Man stellt fest, daß (*(e ist eine Einheit)) die Formel ($\bigwedge_f$(eΔf ∈ M ⇒ eΔf = f) ∧ $\bigwedge_f$(fΔe ∈ M ⇒ fΔe = f)) ist. Damit prüft man (*(2.1.4 ∧ 2.1.5 ∧ 2.1.6 ∧ 2.1.7)) ⇔ (2.1.4 ∧ 2.1.5 ∧ 2.1.6 ∧ 2.1.7) nach ((*(hΔgΔf)) = fΔgΔh!).
*(2.1.4 ∧ 2.1.5 ∧ 2.1.6 ∧ 2.1.7) kann nach dem oben Vereinbarten mit „(M,*K) ist eine Kategorie" abgekürzt werden. Man bezeichnet (M,*K) als die zu (M,K) duale Kategorie. „(M,K) ist eine Kategorie" und „(M,*K) ist eine Kategorie" sind (bezeichnen) zueinander äquivalente Formeln. Die Angabe der dualen Kategorie ist gleichwertig mit der Angabe der Dualität (*K | K). Manche Autoren führen (M,*K) ein als: Die Morphismen von (M,*K) sind die Symbole *f, wo f ein Morphismus von (M,K) ist, und es ist (*f)·(*g) := *(g·f). Für uns ist *M = M, *f = f. Vorsicht ist geboten bei der Dualisierung von (konkreten) Kategorien, die weitere nicht selbstduale Eigenschaften haben. Ist z.B. Ab die Kategorie der Homomorphismen von abelschen Gruppen, so ist *(Ab) mit der Kategorie der stetigen Homomorphismen von kompakten topologischen abelschen Gruppen 𝔊 äquivalent (Pontrjagin [29, § 33]; die Kategorien sind äquivalent in dem Sinne, daß es kovariante Funktoren F : *Ab ⟶ 𝔊, G : 𝔊 ⟶ *Ab gibt, so daß GF und FG zu den identischen Funktoren natürlich äquivalent sind, vgl. Einleitung und 2.8).

2.4.1 Wir übernehmen im wesentlichen die Bezeichnungen von 0.2 und beginnen die Liste der zueinander dualen Abkürzungen [9]):
(M,K) =: ℭ sei eine Kategorie, e, e' seien Einheiten von ℭ. Wir setzen ℭ(e,e') := {f | e'ΔfΔe ∈ M}. Dann ist (*(ℭ(e,e'))) = ℭ(e',e). e $\xrightarrow{f}$ e' steht für f ∈ ℭ(e,e'), dual ist e $\xleftarrow{f}$ e' [10]).

Arbeiten wir mit Objekten, so ergibt sich aus der Definition von Q und Z (2.1.10, 2.1.11), daß (*Q) = Z, (*Z) = Q, (*($\mathfrak{C}$(A,B))) = $\mathfrak{C}$(B,A) und (*($A \xrightarrow{f} B$)) ⇔ ($A \xleftarrow{f} B$) ist.

Für M schreiben wir oft $Mor_{\mathfrak{C}}$, $|\mathfrak{C}|$ bezeichnet die Einheiten (oder Objekte) von $\mathfrak{C}$, es ist ($*|\mathfrak{C}|$) = $|\mathfrak{C}|$. Schließlich bemerkt man (*(gf)) = (*(g·f)) = f·g = fg, da (*(gΔf ∈ M)) ⇔ fΔg ∈ M ein Satz ist, und ferner (*(h·g·f)) = f·g·h.

Oft steht f ∈ $\mathfrak{C}$ sehr ungenau für f ∈ M.

Definiert man Kategorien nach 0.1 als ($\mathfrak{O}$, M, Q, Z, ϰ), so wird man als Dualität (Z, Q, *ϰ | Q, Z, ϰ) wählen und ($\mathfrak{O}$, M, Z, Q, *ϰ) als zu ($\mathfrak{O}$, M, Q, Z, ϰ) duale Kategorie bezeichnen. Hier bezeichnet $|\mathfrak{C}|$ die Objekte.

2.5 $\mathfrak{C}$ = ($\mathfrak{O}$, M, Q, Z, ϰ (·)) sei eine Kategorie. Ist

(TK1) $\mathfrak{O}' \subset \mathfrak{O} \wedge M' \subset M$,

(TK2) $f \in M' \Rightarrow Qf, Zf \in \mathfrak{O}'$,

(TK3) $A \in \mathfrak{O}' \Rightarrow 1_A \in M'$ und

(TK4) $f,g \in M' \wedge Zf = Qg \Rightarrow g \cdot f \in M'$,

so ist ($\mathfrak{O}'$, M', Q', Z', ϰ' (·')) =: $\mathfrak{C}'$ eine Kategorie, wenn man Q', Z' : M' ⟶ $\mathfrak{O}'$, und ϰ' durch

(TK5) $Q'f := Qf \wedge Z'f := Zf$,

(TK6) $g \cdot' f := gf$ für $f,g \in M'$ mit $Zg = Qf$ definiert.

Sind $\mathfrak{C}$ = ($\mathfrak{O}$, M, Q, Z, ·), $\mathfrak{C}'$ = ($\mathfrak{O}'$, M', Q', Z', ·') Kategorien, so heißt $\mathfrak{C}'$ Teilkategorie von $\mathfrak{C}$ oder $\mathfrak{C}$ Oberkategorie von $\mathfrak{C}'$, wenn TK1 - 6 gelten. „Teilkategorie" ist eine teilweise Ordnung auf der Menge aller Kategorien (vom Typ U), „Oberkategorie" ist die zu „Teilkategorie" duale Ordnung (2.3.1).

$\mathfrak{C}'$ heißt eine volle Teilkategorie von $\mathfrak{C}$, wenn über TK1 - 6 hinaus

(Voll) $\mathfrak{C}'(A,B) = \mathfrak{C}(A,B)$ für $A, B \in |\mathfrak{C}'|$ ist.

Auch „volle Teilkategorie" ist eine t-Ordnung, also insbesondere transitiv.

In TK1 - 6, Voll haben wir die offensichtlichen Quantifizierungen $\bigwedge_f$ etc. fortgelassen. So verfahren wir auch in Zukunft.

2.5.1 In den Beispielen 0.5.3 ist Me Teilkategorie von MeKorr, PuMe von MePa, wenn man die ($X\{x_0\}$) statt (X,x_0) als Objekte von PuMe nimmt, Gr Teilkategorie von Mo, AbMo von Gr und Mo, PuTop von TopPa. Bis auf Me in MeKorr sind alle Teilkategorien in diesen Beispielen voll.

2.5.2 Dualisiert man $\mathfrak{C}$ in 2.5, so gehen TK1 - 4 (bis auf Bezeichnungsänderung) in sich über. Um TK5 - 6 zu erhalten, muß man auch (Z', Q', *.' | Q', Z', .') dualisieren. „$\mathfrak{C}'$ ist Teilkategorie von $\mathfrak{C}$ " geht also bei der Dualisierung von $\mathfrak{C}$ und $\mathfrak{C}'$ (d.i. (*$\mathfrak{C}$, *$\mathfrak{C}'$ | $\mathfrak{C}$, $\mathfrak{C}'$)) in sich über.

2.6 Man vergleiche 0.6. Funktoren von 0.6 heißen in Zukunft „kovariante Funktoren". Präziser:

(2.6.1) „($\mathfrak{C}$, $\mathfrak{D}$, F_1, F_2) ist ein kovarianter Funktor von $\mathfrak{C}$ in $\mathfrak{D}$ " steht für „$\mathfrak{C}$ ist eine Kategorie und $\mathfrak{D}$ ist eine Kategorie und F_1 ist eine Abbildung $|\mathfrak{C}| \longrightarrow |\mathfrak{D}|$, und F_2 ist eine Abbildung $Mor_{\mathfrak{C}} \longrightarrow Mor_{\mathfrak{D}}$ und FA1 $\wedge$ FA2 $\wedge$ FA3 " mit

(FA1) FQf = QFf und FZf = ZFf,

(FA2) F1 = 1,

(FA3) F(gf) = (Fg)(Ff) (und den notwendigen Quantifizierungen) -

bei Abkürzung F_1A =: FA, F_2f =: Ff [11]). Wie schon bemerkt, genügt wegen FA1 die Angabe von F_2 zur Bestimmung von F.

2.6.2 Dann betrachte man Abbildungen $F_1 : |\mathfrak{C}| \longrightarrow |\mathfrak{D}|$, F_2: $Mor_{\mathfrak{C}} \longrightarrow Mor_{\mathfrak{D}}$ wie oben mit - bei Abkürzung F_1A =: FA, F_2f =: Ff [11]) -

(*FA1) FQf = ZFf und FZf = QFf,

(*FA2) F1 = 1,

(*FA3) F(gf) = (Ff)(Fg)

und kürzen „$\mathfrak{C}$ ist eine Kategorie und $\mathfrak{D}$ ist eine Kategorie und F_1 ist eine Abbildung $|\mathfrak{C}| \longrightarrow |\mathfrak{D}|$ und F_2 ist eine Abbildung $Mor_{\mathfrak{C}} \longrightarrow Mor_{\mathfrak{D}}$ und *FA1 $\wedge$ *FA2 $\wedge$ *FA3" als

(2.6.3) „($\mathfrak{C}$, $\mathfrak{D}$, F_1, F_2) =: F ist ein kontravarianter Funktor von $\mathfrak{C}$ in $\mathfrak{D}$ " ab.

Man bemerkt, daß die aus 2.6.1 durch Dualisierung von $\mathfrak{C}$ bzw. $\mathfrak{D}$ (einzeln) hervorgehenden Aussagen untereinander und zu 2.6.3 äquivalent sind. Interpretiert man (kovariante) Funktortheorie als formale Theorie $\mathfrak{T}$ mit Konstanten M, K für $\mathfrak{C}$, M', K' für $\mathfrak{D}$ und F (für F_2), so drückt sich dies aus als: „Die Theorien (*K | K)$\mathfrak{T}$, (*K' | K')$\mathfrak{T}$ und die Theorie $\mathfrak{T}'$, die mit $\mathfrak{T}$ übereinstimmt bis auf die expliziten Axiome FA1 - 3, die durch *FA1 - 3 ersetzt sind, sind gleichstark".

2.6.4 Beispiel: $\mathfrak{C}$ = Top, $\mathfrak{D}$ = Ab, F = H^n (n-te (singuläre) Cohomologiegruppe). Siehe auch 2.6.9.

<u>2.6.5</u> Sind $\mathfrak{C}$, $\mathfrak{C}'$ Kategorien, so erhält man durch

$\mathfrak{O} := |\mathfrak{C}| \times |\mathfrak{C}'|$, $M := \mathrm{Mor}_{\mathfrak{C}} \times \mathrm{Mor}_{\mathfrak{C}'}$, $Q(f,f') := (Qf, Qf')$, $Z(f,f') := (Zf,Zf')$, $(g,g')\cdot(f,f') := (g\cdot f, g'\cdot f')$ eine Kategorie $(\mathfrak{O}, M, Q, Z, \cdot) =: \mathfrak{C} \times \mathfrak{C}'$, die Produktkategorie von $\mathfrak{C}$ und $\mathfrak{C}'$.

Ebenso komponentenweise kann man Produkte $\underset{i\in I}{\times} \mathfrak{C}_i$ von beliebigen Familien von Kategorien $(\mathfrak{C}_i \mid i \in I)$ definieren.

Sei $\mathfrak{D}$ eine weitere Kategorie und

<u>(2.6.6)</u> F ein kovarianter Funktor von $\mathfrak{C} \times \mathfrak{C}'$ in $\mathfrak{D}$.

Man dualisiere in 2.6.6

1. $\mathfrak{C}$
2. $\mathfrak{C}'$ und $\mathfrak{D}$
3. $\mathfrak{C}'$
4. $\mathfrak{C}$ und $\mathfrak{D}$

Mit 1. und 2. erhält man äquivalente Formeln, von denen man eine als

<u>(2.6.7)</u> „$(\mathfrak{C} \times \mathfrak{C}', \mathfrak{D}, F_1, F_2)$ ist ein 1-kontra-, 2-kovarianter Funktor von $\mathfrak{C} \times \mathfrak{C}'$ in $\mathfrak{D}$ " abkürzt.

Mit 3. und 4. erhält man äquivalente Formeln, von denen man eine als

<u>(2.6.8)</u> „$(\mathfrak{C} \times \mathfrak{C}', \mathfrak{D}, F_1, F_2)$ ist ein 1-ko-, 2-kontravarianter Funktor von $\mathfrak{C} \times \mathfrak{C}'$ in $\mathfrak{D}$ " abkürzt.

1-kontra-, 2-kovariante und 1-ko-, 2-kontravariante Funktoren sind zueinander $(^*\mathfrak{C}, {}^*\mathfrak{C}', {}^*\mathfrak{D} \mid \mathfrak{C}, \mathfrak{C}', \mathfrak{D})$ - dual, wie man formal aus $(^*\mathfrak{C}, {}^*\mathfrak{C}', {}^*\mathfrak{D} \mid \mathfrak{C}, \mathfrak{C}', \mathfrak{D})\ (^*\mathfrak{C} \mid \mathfrak{C})\ \Phi \Leftrightarrow (^*\mathfrak{C}', {}^*\mathfrak{D} \mid \mathfrak{C}', \mathfrak{D})\ \Phi$ folgert.

Entsprechend definiert man Funktoren mit in den einzelnen Variablen verschiedener Varianz auf Produkten von mehr als zwei Kategorien; man kann diesen Fall auf den zweier Kategorien zurückführen, indem man Assoziativität und Kommutativität (bis auf (kovariante) Äquivalenz (3.1, 5.5, 5.6)) des Kategorienproduktes bemerkt und das Produkt als $(\times\, \mathfrak{C}_i) \times (\times\, \mathfrak{C}'_j)$ schreibt, wo z.B. die $\mathfrak{C}_i$ die zu dualisierenden Kategorien sind.

Es ist dann klar, was mit „$(\mathfrak{C}, \mathfrak{D}, F_1, F_2) =: F$ ist ein Funktor von $\mathfrak{C}$ in $\mathfrak{D}$ " gemeint ist, wenn wir auch keine präzise Definition geben. In unseren Anwendungen kommen nur einfache Fälle wie 2.6.1, 2.6.6, 2.6.7, 2.6.8 vor.

<u>2.6.9</u> Wichtigstes Beispiel eines 1-kontra-, 2-kovarianten Funktors ist der einer Kategorie zugrundeliegende Hom-Funktor: $\mathfrak{C}$ sei eine Kategorie.

$Hom_{\mathfrak{C}} : \mathfrak{C} \times \mathfrak{C} \longrightarrow Me$ ist durch $Hom_{\mathfrak{C}}(A,B) := \mathfrak{C}(A,B)$ und für $A' \xrightarrow{f} A$, $B \xrightarrow{g} B'$ durch $Hom_{\mathfrak{C}}(f,g) : \mathfrak{C}(A,B) \longrightarrow \mathfrak{C}(A',B')$ mit $(Hom_{\mathfrak{C}}(f,g))h := ghf$ definiert ($A' \xrightarrow{f} A \xrightarrow{h} B \xrightarrow{g} B'$!). Für $Hom_{\mathfrak{C}}(f,g)$ schreibt man $\mathfrak{C}(f,g)$. $Hom_{\mathfrak{C}}$ ist ein 1.kontra-, 2.kovarianter Funktor von $\mathfrak{C} \times \mathfrak{C}$ in Me.

2.6.10. Ein Funktor $(\mathfrak{C}, \mathfrak{D}, F_1, F_2) =: F$ heißt injektiv [17])

(Inj.) $Ff = Fg \Rightarrow f = g$ für $f, g \in \mathfrak{C}$ gilt. Man folgert

$FA = FB \Rightarrow A = B$ für $A, B \in |\mathfrak{C}|$.

2.6.11 Ist $(\mathfrak{C}, \mathfrak{D}, F_1, F_2) =: F$ ein Funktor, so prüft man TK1 - 4 (2.5) für $\mathfrak{O} := \{FA \mid A \in |\mathfrak{C}|\} \subset |\mathfrak{D}|$, $M := \{Ff \mid f \in \mathfrak{C}\} \subset Mor_{\mathfrak{D}}$ nach, so daß man eine Teilkategorie $(\mathfrak{O}, M, \ldots) =:$ Bild F von $\mathfrak{D}$ erhält, die das Bild von ($\mathfrak{C}$ in $\mathfrak{D}$ bei) F heißt. F heißt voll, wenn

(Voll) Bild F ist volle Teilkategorie von $\mathfrak{D}$

gilt.

2.7 Ein Funktor $(\mathfrak{C}, \mathfrak{D}, F_1, F_2) =: F$ heiße vom Typ U (U : Universum), wenn $\mathfrak{C}$ und $\mathfrak{D}$ vom Typ U sind (1.18). Die Funktoren vom Typ U bilden in naheliegender Weise eine Kategorie $Fun_U =: Fun$: Objekte sind die Kategorien vom Typ U, Morphismen die Funktoren vom Typ U. Man überzeugt sich, daß „$\mathfrak{C}$ ist eine Kategorie vom Typ U" etc. eine $\mathfrak{C}$ sammelnde Formel (1.10) beschreibt. Quelle bzw. Ziel von $(\mathfrak{C}, \mathfrak{D}, F_1, F_2)$ sind $\mathfrak{C}$ bzw. $\mathfrak{D}$. Funktoren $\mathfrak{C} \xrightarrow{F} \mathfrak{D} \xrightarrow{G} \mathfrak{E}$ - Vorwegnahme der nach Einführung von Fun legitimierten Schreibweise $\longrightarrow$ - werden als $G \cdot F := (\mathfrak{C}, \mathfrak{E}, G_1 \circ F_1, G_2 \circ F_2)$ mittels der Komposition in Me zusammengesetzt; $G \cdot F$ ist wieder ein Funktor. Einheiten sind die $1_{\mathfrak{C}} = (\mathfrak{C}, \mathfrak{C}, 1_{|\mathfrak{C}|}, 1_{Mor_{\mathfrak{C}}})$, wo $1_{|\mathfrak{C}|}, 1_{Mor_{\mathfrak{C}}}$ Einheiten in Me sind.

2.7.1 Die Zusammensetzung von kovarianten Funktoren ist kovariant, und die Einheiten sind kovariant:

Satz 2.7.2. Die kovarianten Funktoren vom Typ U bilden eine Teilkategorie FunKo von Fun. Es ist $|FunKo| = |Fun|$.

2.8 Wie in der Einleitung bemerkt, definierte man Kategorien und Funktoren, um den Begriff der Natürlichkeit formulieren zu können. Wir beginnen mit dem einfachsten kovarianten Fall: $F, G : \mathfrak{C} \longrightarrow \mathfrak{D}$ seien kovariante Funktoren, $t' : |\mathfrak{C}| \longrightarrow Mor_{\mathfrak{D}}$ eine Abbildung.

$t := (F, G, t')$ heißt natürliche Transformation von F in G, wenn - mit $t'A =: tA$ -

(NA1) $tA \in \mathfrak{D}(FA, GA)$,

(NA2) Für $f : A \longrightarrow B$ ($\in \mathfrak{C}$) ist $(tB)(Ff) = (Gf)(tA)$ gilt.

NA2 illustriert man durch

$$\begin{array}{ccc} FA & \xrightarrow{tA} & GA \\ {\scriptstyle Ff}\downarrow & & \downarrow{\scriptstyle Gf} \\ FB & \xrightarrow[tB]{} & GB. \end{array}$$

Durch Dualisierung von $\mathfrak{C}$ definiert man natürliche Transformationen des kontravarianten F in das kontravariante G. Durch Dualisierung von $\mathfrak{D}$ erhält man eine zu „t ist natürliche Transformation von G (kontravariant) in F (kontravariant)" äquivalente Aussage. Es ist also hier wichtig, welche Kategorie dualisiert wird. Es ist dann klar, wie natürliche Transformationen für allgemeinere Funktoren definiert werden. Die Existenz einer natürlichen Transformation eines Funktors F in einen Funktor G beinhaltet stets, daß F und G gleiche Quelle und gleiches Ziel haben und daß sie gleiche Varianz haben (Im Falle, daß die Quelle ein Produkt ist, auf den einzelnen „Faktoren").

2.8.1 Eine natürliche Transformation t = (F, G, t') heiße vom Typ U, wenn F und G vom Typ U sind. In wieder naheliegender Weise definieren wir eine Kategorie Nat_U =: Nat: Objekte von Nat sind die Funktoren vom Typ U, Morphismen die natürlichen Transformationen vom Typ U. Quelle bzw. Ziel von (F,G,t') ist F bzw. G. (F, G, t') und (G, H, s') werden als (F, H, s't') mit $(s't')A := (s'A)\cdot(t'A)$ (in Me) für $A \in |\mathfrak{C}|$, $\mathfrak{C} = QF = QG = QH$ (in Fun) zusammengesetzt. Zusammensetzung von natürlichen Transformationen liefert eine natürliche Transformation, Einheiten sind die $(F, F, A \longrightarrow 1_{FA})$ in suggestiver informeller Bezeichnung.

2.8.2 $\mathfrak{C}$, $\mathfrak{D}$ seien Kategorien, v stehe für die möglichen Varianzen von Funktoren $\mathfrak{C} \longrightarrow \mathfrak{D}$ (v: kovariant =: ko, kontravariant =: kontra, etc.). $Nat_v(\mathfrak{C},\mathfrak{D})$ bezeichne die volle Teilkategorie von Nat, deren Objekte die Funktoren $\mathfrak{C} \longrightarrow \mathfrak{D}$ mit Varianz v sind. Da $Nat(F,G) = \emptyset$ ist, falls die Quellen von F und G oder die Ziele von F und G oder die Varianzen von F und G verschieden sind, zerfällt Nat in die $Nat_v(\mathfrak{C}, \mathfrak{D})$, d.h.: Die Morphismenmenge von Nat ist die Vereinigung der paarweise disjunkten Morphismenmengen der $Nat_v(\mathfrak{C}, \mathfrak{D})$ und s, t $\in$ Nat sind in Nat zusammensetzbar, genau wenn sie Elemente desselben $Nat_v(\mathfrak{C}, \mathfrak{D})$ sind und dort zusammensetzbar sind; st in Nat ist dann dasselbe wie st in $Nat_v(\mathfrak{C}, \mathfrak{D})$. $Nat(\mathfrak{C}, \mathfrak{D})$ ist dementsprechend die volle Teilkategorie von Nat mit allen Funktoren $\mathfrak{C} \longrightarrow \mathfrak{D}$.

2.8.3 Beispiele:

NB1. VektK sei die Kategorie der K-linearen Abbildungen der Vektorräume über einem Körper

Die Zuordnung „dualer Vektorraum" (Einleitung) $V \longmapsto LV = (\mathrm{VektK}(V,K)$, Vektorraumstruktur), $f \longmapsto Lf \sim \mathrm{VektK}(f,1_K)$ ist ein kontravarianter Funktor $L : \mathrm{VektK} \longrightarrow \mathrm{VektK}$. Die „Einbettungen" $tV : V \subset L\,L\,V$ (Einleitung) definieren eine natürliche Transformation $t : 1_{\mathrm{VektK}} \longrightarrow L\,L$. Bei endlich dimensionalem V ist tV eine Isomorphie.

NB2. Für jedes q sei $H^q(?;\,G) : \mathrm{Top} \longrightarrow \mathrm{Ab}$ der q-te Cohomologiefunktor mit Koeffizienten in G. „Cohomologieoperationen vom Typ (p,q)" sind aus $\mathrm{Nat}(H^p(?;\,G),\ H^q(?;\,G))$. Der Randoperator $\delta : H^p(A,G) \longrightarrow H^{p+1}(X,A;\,G)$ der Cohomologie ist eine natürliche Transformation des Cohomologiefunktors $(X,A) \longmapsto H^p(A;\,G)$ in den Cohomologiefunktor $(X,A) \longmapsto H^{p+1}(X,A;\,G)$.

NB3. $\mathfrak{A}$ sei die Kategorie (Teilkategorie von Me), deren Objekte die Mengen $\{0,1,\ldots,n\} =: [n]$ für ganzzahliges $n \geq 0$ und deren Morphismen die für die natürliche Ordnung schwach monotonen Abbildungen $[n] \longrightarrow [m]$ sind. Die Kategorie der simplizialen Mengen, simplizialen Gruppen, simplizialen abelschen Gruppen bzw. simplizialen Objekte über einer Kategorie $\mathfrak{C}$ sind die Kategorien $\mathrm{Nat}_{\mathrm{kontra}}(\mathfrak{A},\ \mathrm{Me})$, $\mathrm{Nat}_{\mathrm{kontra}}(\mathfrak{A},\ \mathrm{Gr})$, $\mathrm{Nat}_{\mathrm{kontra}}(\mathfrak{A},\ \mathrm{Ab})$ bzw. $\mathrm{Nat}_{\mathrm{kontra}}(\mathfrak{A},\ \mathfrak{C})$. Eine simpliziale Menge ist also ein kontravarianter Funktor $\mathfrak{A} \longrightarrow \mathrm{Me}$, ein Morphismus von simplizialen Mengen ist eine natürliche Transformation der Funktoren.

2.9 Um die Übersichtlichkeit von Beweisen zu erhöhen, verwendet man Diagramme, wie z.B.

$\cdot \longrightarrow \cdot$, $\cdot \longrightarrow \cdot \longrightarrow \cdot$, 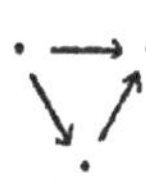 , 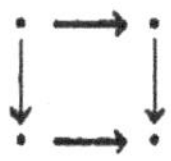 oder komplizierter 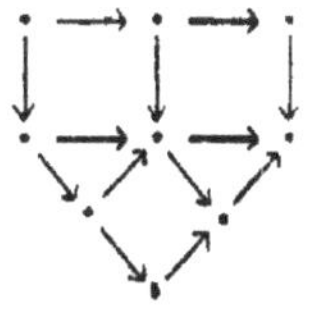 ,

wo die Punkte Namen von Objekten, die Pfeile Namen von Morphismen tragen können. Man spricht davon, daß Teile eines Diagramms oder das ganze Diagramm kommutativ seien und betrachtet Abbildungen eines Diagramms in ein anderes, das bis auf die Namen für die Objekte und Morphismen gleich aussieht. Wir folgen Grothendieck [17; 1.7] mit unwesentlichen Änderungen, um die Definition von Diagrammen möglichst genau an die der Kategorien anzulehnen:

2.9.1 Hat man Mengen $\mathcal{O}$, M und Abbildungen $Q,\ Z : M \longrightarrow \mathcal{O}$, so heißt $(\mathcal{O},\ M,\ Q,\ Z) =: D$ ein Diagrammschema. Die $A \in \mathcal{O} =: |D|$ heißen Ecken (Objekte), die $f \in M =: \mathrm{Mor}_D$ heißen Pfeile (Morphismen), Qf bzw. Zf heißt Quelle bzw. Ziel von f, wobei wir die Buchstaben Q und Z wie bei Kategorien für alle Diagramme verwenden.

Diagrammschemata mit endlichen $\mathfrak{O}$ und M gibt man durch Zeichnungen wie oben an. Man vereinbart, daß an der Spitze des mit f bezeichneten Pfeiles Zf steht und an der anderen Seite Qf, in Übereinstimmung mit der Vereinbarung $(A \xrightarrow{f} B) :\Leftrightarrow (Qf = A$ und $Zf = B)$ bei Kategorien. Oft werden keine Namen für Ecken und Pfeile gegeben, sondern • für Ecken und $\longrightarrow$ für die Pfeile wie oben geschrieben. Das kann man so interpretieren, daß die Zeichnung ein Diagrammschema repräsentiert, bei dem es auf Namen für Objekte und Morphismen nicht ankommt.

Einfache Beispiele zeigen, daß man im allgemeinen nicht ohne Überschneidungen in der Zeichnung auskommt. Ohne Überschneidungen käme man in $\mathbb{R}^3$ aus, wie der Einbettungssatz für (1-dimensionale) simpliziale Komplexe (n in $\mathbb{R}^{2n+1}$) zeigt. Für den zur Diskussion stehenden eindimensionalen Fall kann man dies auch leicht überlegen. Wie in 2.6 Funktoren kann man Morphismen von Diagrammschemata durch Abbildungen F_1, F_2 definieren, für die hier natürlich nur FA1 zu fordern ist. Solche Morphismen kann man zusammensetzen (2.7). Man erhält die Kategorie der Morphismen der Diagrammschemata.

2.9.2 Ein Diagrammschema $(\mathfrak{O}', M', Q', Z')$ heißt Teilschema des Schemas $(\mathfrak{O}, M, Q, Z)$, wenn TK1 - 2 und TK5 von 2.5 gelten. $\mathfrak{O}' \subset \mathfrak{O}$, $M' \subset M$ (TK1!) kann man bei TK2 stets durch Definition von Q', Z' mittels TK5 zu einem Teilschema von $(\mathfrak{O}, M, Q, Z)$ ergänzen. Im Sinne von 2.9.1 (Schluß) ist $((\mathfrak{O}', M', Q', Z'), (\mathfrak{O}, M, Q, Z), \mathfrak{O}' \subset \mathfrak{O}, M' \subset M)$ ein Morphismus von Diagrammschemata („Einbettung").

2.9.3 $\mathfrak{C}$ sei eine Kategorie und D ein Diagrammschema. Ein Diagramm mit Schema D in $\mathfrak{C}$ ist ein $(D, \mathfrak{C}, F_1, F_2) =: F$ mit Abbildungen $F_1 : |D| \longrightarrow |\mathfrak{C}|$ und $F_2 : Mor_D \longrightarrow Mor_{\mathfrak{C}}$ mit

(FA1) $FQf = QFf$ und $FZf = ZFf$ für $f \in Mor_D$

wobei $F_1A =: FA$, $F_2f =: Ff$ wie bei Funktoren. Wir schreiben $F : D \longrightarrow \mathfrak{C}$.

Wie in 2.9.1 bemerkt, kommt es oft nur auf die „Struktur" von D an. Man gibt dann F_1, F_2 an, indem man in der Zeichnung für D für jedes A bzw. f einfach FA bzw. Ff schreibt und nennt auch diese Zeichnung ein Diagramm. Im Gegensatz zu 2.9.1 können hier verschiedene Pfeile denselben Namen tragen.

2.9.4 $F, G : D \longrightarrow \mathfrak{C}$ seien Diagramme mit Schema D in $\mathfrak{C}$. Ein Morphismus $t : F \longrightarrow G$ ist ein $t = (F, G, t')$, wo t' eine Abbildung $t' : |D| \longrightarrow Mor_{\mathfrak{C}}$ ist mit ($t'A =: tA$)

(NA1) $tA \in \mathfrak{C}(FA,GA)$ für $A \in |D|$

(NA2) Für $f \in Mor_D$ mit $Qf = A$ und $Zf = B$ ist $(tB)(Ff) = (Gf)(tA)$, wie durch das Diagramm

$$\begin{array}{ccc} FA & \xrightarrow{tA} & GA \\ {\scriptstyle Ff}\downarrow & & \downarrow{\scriptstyle Gf} \\ FB & \xrightarrow[tB]{} & GB \end{array}$$

illustriert.

Zusammensetzung von Morphismen von Diagrammen wird wie in Nat definiert. Für festes D und $\mathfrak{C}$ erhält man eine Kategorie Diag(D,$\mathfrak{C}$), deren Objekte die Diagramme mit Schema D in $\mathfrak{C}$ und deren Morphismen die Morphismen der Diagramme im obigen Sinne sind.

2.9.5 Gleichheit zusammengesetzter Morphismen wird oft übersichtlich durch ein Diagramm dargestellt (Beispiel: 2.8 NA2): D sei ein Diagrammschema. Ein Weg (der Länge n) in D ist ein n-Tupel $(f_n,\ldots,f_1)$ von Morphismen von D mit $Zf_i = Qf_{i+1}$. Quelle und Ziel von $(f_n,\ldots,f_1)$ werden durch $Q(f_n,\ldots,f_1) := Qf_1$ und $Z(f_n,\ldots,f_1) := Zf_n$ definiert. Eine Kommutativitätsrelation in D ist eine Menge $R \subset \{(v,w) \mid v,w \text{ sind Wege in D mit } Qv = Qw \text{ und } Zv = Zw\}$.

Ist $F : D \longrightarrow \mathfrak{C}$ ein Diagramm, so läßt sich F durch $F(f_n,\ldots,f_1) := (Ff_n) \cdot \ldots \cdot (Ff_1)$ auf die Wege vn D erweitern. Ist R eine Kommutativitätsrelation in D, so heißt F R-kommutativ, wenn „$(v,w) \in R \Rightarrow Fv = Fw$" gilt und kommutativ, wenn F R-kommutativ ist für das maximal mögliche R. Ist D' Teilschema von D, so erhält man durch Einschränkung von F auf D' ein Diagramm $F' : D' \longrightarrow \mathfrak{C}$. F heißt kommutativ auf D', wenn F' kommutativ ist. Oft wird Kommutativität für ein oder mehrere Teilschemata von D verlangt. Beispiel:

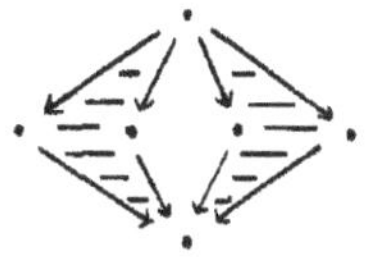
,

wo für jedes der beiden schraffierten Teile das Randdiagramm kommutativ ist. Obwohl die Vereinigung der kommutativen Teile das ganze Diagramm ist, braucht das Mittelquadrat nicht kommutativ zu sein.

2.9.6 Jedes Diagrammschema läßt sich zu einer Kategorie erweitern: Von D geht man über zu einem Schema, das an jeder Ecke einen zusätzlichen Morphismus $\circlearrowleft$ hat, der bei $|D| \cap Mor_D = \emptyset$ den Namen der Ecke erhält und als Einheit fungieren soll. Als Morphismen der zu konstruierenden Kategorie nimmt man alle Wege des erweiterten Schemas mit Zusammensetzung $(g_m,\ldots,g_1)\cdot(f_n,\ldots,f_1) := (g_m,\ldots,g_1, f_n,\ldots,f_1)$, falls $Qg_1 = Zf_n$ ist, und Vereinbarung, daß Einheiten gestrichen werden dürfen, solange der Streichungsprozeß den Weg nicht ganz auslöscht. Man erhält eine Kategorie WD. Jede Kommutativitätsrelation R in D oder dem erweiterten Schema kann man als Relation in WD einführen; man erhält eine Kategorie $WD/_R$.

Jedes Diagramm $F : D \longrightarrow \mathfrak{C}$ läßt sich durch die oben erwähnte Fortsetzung von F auf die Wege in D zu einem Funktor $\bar{F} : WD \longrightarrow \mathfrak{C}$ erweitern. Ist F R-kommutativ, so läßt sich $\bar{F}$ über $WD/_R$ zerlegen: Es gibt ein kommutatives Diagramm

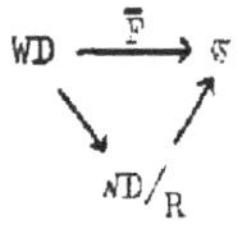

in Fun, wo $WD \longrightarrow WD/_R$ die kanonische Projektion auf Restklassen (Funktor!) ist. In späterer Formulierung kann man sagen: Die Kategorien $Diag(D,\mathfrak{C})$ und $Nat_{ko}(WD,\mathfrak{C})$ sind kovariant äquivalent (kovariante Äquivalenz: Äquivalenz (3.1) in FunKo für ein hinreichend großes Universum, das $Diag(D,\mathfrak{C})$ und $Nat_{ko}(WD,\mathfrak{C})$ enthält).

2.9.7 Mittels (Z, Q, | Q, Z) kann man Diagrammschemata dualisieren: Umkehrung aller Pfeile.

3. Darstellbare Funktoren

3.1 Wir betrachten eine feste Kategorie $\mathfrak{C}$. Ein Morphismus $f : A \longrightarrow B$ heißt Äquivalenz, wenn es ein $g : B \longrightarrow A$ gibt, so daß $gf = 1_A$ und $fg = 1_B$. Da aus $gf = 1_A$, $fg' = 1_B$ bereits $g = gfg' = g'$ folgt, ist g durch f eindeutig bestimmt und wird oft mit f^{-1} bezeichnet.

Zwei Objekte $A, B \in |\mathfrak{C}|$ heißen äquivalent in $\mathfrak{C}$ ($\Leftrightarrow$: $A \underset{\mathfrak{C}}{\sim} B$ oder kürzer $A \sim B$), wenn es eine Äquivalenz $f : A \longrightarrow B$ gibt. $\sim$ ist eine Äquivalenzrelation, d.h. es gibt

(Ä1) $A \sim A$

(Ä2) $A \sim B \Rightarrow B \sim A$

(Ä3) $A \sim B \sim C \Rightarrow A \sim C$

Beweis: 1) $f = 1_A$, 2) f^{-1} statt f, 3) $f'f$.

$\sim$ vererbt sich nicht auf Unterkategorien. Die Angabe der Kategorie, in der zwei Objekte äquivalent sind, ist daher wesentlich, wird aber meist unterdrückt, wenn klar ist, welche Kategorie gemeint ist.

3.1.1 $F : \mathfrak{C} \longrightarrow \mathfrak{T}$ sei ein Funktor.

Satz 3.1.1.1. Ist $f \in \mathfrak{C}$ eine Äquivalenz, so ist $Ff \in \mathfrak{T}$ eine Äquivalenz.

Satz 3.1.1.2. Ist F voll und injektiv, so ist f Äquivalenz genau wenn Ff.

Beweis: 1. kovariantes F: 3.1.1.1: Aus $gf = 1$ folgt $(Fg)(Ff) = F(gf) = F1 = 1$ etc.. 3.1.1.2: Ist $h(Ff) = 1$ und $(Ff)h = 1$ für geeignetes $h \in \mathfrak{T}$ und F voll (2.6.11), so existiert wegen $Qh = ZFf = FZf$ und $Zh = QFf = FQf$ ein g mit $Fg = h$. Da F injektiv ist, ist $Qg = Zf$ und $Zg = Qf$, sowie $gf = 1$ und $fg = 1$. 2. Für die anderen Varianzen dualisiere man. Dabei bemerkt man, daß, wenn $\mathfrak{C}$ ein Produkt $\mathfrak{C} = \underset{i \in I}{\times} \mathfrak{C}_i$ ist, „f ist eine Äquivalenz" bei $f = (f_i \mid i \in I)$ äquivalent ist mit „Jedes f_i ist eine Äquivalenz".

Satz 3.1.2. $f \in Me$ ist eine Äquivalenz, genau wenn f eine bijektive Abbildung von Qf auf Zf ist.

Beweis: $\Leftarrow$: Ist f surjektiv, so für jedes $y \in Y$ $\{x \mid fx = y\} \neq \emptyset$. Auswahl irgendeines x mit $fx = y$ zu y liefert $h : Y \longrightarrow X$ mit $fh = 1_Y$. Gleichzeitig folgt aus $\{x \mid fx = y\} \neq \emptyset$, daß nicht gleichzeitig $Y \neq \emptyset$ und $X = \emptyset$ sein kann. Ist f injektiv, so gibt es zu $y \in fX = \{fx \mid x \in X\}$ genau ein x mit $fx = y$; $g : Y \longrightarrow X$ wird auf den $y \in fX$ als das x mit $fx = y$ festgesetzt.

Den Rest von Y bildet man auf irgendein Element von X ab; das ist immer möglich, da nicht $Y \neq \emptyset$ und $X = \emptyset$ gilt. Dann ist $gf = 1_X$. Aus den Bemerkungen eingangs 3.1 folgt $g = h$. Unter Benutzung von 0.5.2.1, 0.5.2.2 kann man zeigen, daß $f^{\#}$ eine Abbildung und $f^{\#} = g = h$ ist. $\Rightarrow$: Man beweise, daß aus $gf = 1_X$ und $fg = 1_Y$ folgt, daß f (und g) bijektiv ist (sind).

3.2 $\mathfrak{C}$, $\mathfrak{D}$ seien Kategorien und $S, T : \mathfrak{C} \longrightarrow \mathfrak{D}$ Funktoren.

Satz 3.2.1. Eine natürliche Transformation $\sigma : S \longrightarrow T$ ist eine Äquivalenz in $\mathrm{Nat}(\mathfrak{C}, \mathfrak{D})$, genau wenn σX für jedes $X \in |\mathfrak{C}|$ eine Äquivalenz in $\mathfrak{D}$ ist.

Beweis: S, T seien kovariant. $\Rightarrow$: Sei $\theta\sigma = 1_S$, $\sigma\theta = 1_T$. Dann ist $(\theta\sigma)X = (\theta X)(\sigma X) = 1_S X = 1_{SX}$ etc.. $\Leftarrow$: Gelte $(\theta X)(\sigma X) = 1_{SX}$, $(\sigma X)(\theta X) = 1_{TX}$ für jedes X und $(Tf)(\sigma X) = (\sigma Y)(Sf)$ für jedes $f : X \longrightarrow Y$, wo θ eine Familie von Morphismen $\theta X : TX \longrightarrow SX$ von $\mathfrak{D}$ bezeichnet. Wir zeigen $(\theta Y)(Tf) = (Sf)(\theta X)$ für jedes f : Aus $(Tf)(\sigma X) = (\sigma Y)(Sf)$ folgt $(\theta Y)(Tf)(\sigma X)(\theta X) = (\theta Y)(\sigma Y)(Sf)(\theta X)$ und $(\theta Y)(Tf) = (Sf)(\theta X)$ mit $(\theta Y)(\sigma Y) = 1_{SY}$, $(\sigma X)(\theta X) = 1_{TX}$.
Für die anderen Varianzen dualisiere man.

3.3 Von besonderer Bedeutung ist der mit Hom, Mor oder $\mathfrak{C}$ bezeichnete, einer Kategorie $\mathfrak{C}$ zugrundeliegende 1-kontra-, 2-kovariante Hom-Funktor $\mathfrak{C} \times \mathfrak{C} \longrightarrow \mathrm{Me}$ (2.6.9). Wir betrachten den kovarianten und kontravarianten Teil einzeln:

3.3.1 $\mathfrak{C}(A, ?) : \mathfrak{C} \longrightarrow \mathrm{Me}$ ist der kovariante Funktor mit $\mathfrak{C}(A, ?)\, X := \mathfrak{C}(A, X)$ und $\mathfrak{C}(A, ?)\, f := \mathfrak{C}(1_A, f) =: \mathfrak{C}(A,f) =: f_*A$;
nach Definition (2.6.9) ist $\mathfrak{C}(A,f)g = fg$ für $g : A \longrightarrow Qf$,
wie durch $A \xrightarrow{g} X \xrightarrow{f} Y$ illustriert.

$$A \xrightarrow{g} X \xrightarrow{f} Y, \quad f_*g : A \longrightarrow Y$$

3.3.2 Dual ist $\mathfrak{C}(?,A) : \mathfrak{C} \longrightarrow \mathrm{Me}$ der kontravariante Funktor mit $\mathfrak{C}(?,A)X := \mathfrak{C}(X,A)$ und $\mathfrak{C}(?,A)f := \mathfrak{C}(f,1_A) =: \mathfrak{C}(f,A) =: f^*A$;
nach Definition (2.6.9) ist $\mathfrak{C}(f,A)g = gf$ für $g : Zf \longrightarrow A$, wie durch
$A \xleftarrow{g} X \xleftarrow{f} Y$ illustriert.

$$A \xleftarrow{g} X \xleftarrow{f} Y, \quad f^*g : Y \longrightarrow A$$

3.3.3 Offenbar ist $\mathfrak{C}(A,?)B = \mathfrak{C}(A,B) = \mathfrak{C}(?,B)A$.

Ist $f : A' \longrightarrow A$, $h : B \longrightarrow B'$, so ist $(hg)f = h(gf) =: hgf$ für jedes $g : A \longrightarrow B$ und das ist gleichbedeutend mit der Kommutativität von

(Diagramm 3.3.4)
$$\begin{array}{ccc} \mathfrak{C}(A,B) & \xrightarrow{h_*A} & \mathfrak{C}(A,B') \\ {\scriptstyle f^*B}\downarrow & & \downarrow{\scriptstyle f^*B'} \\ \mathfrak{C}(A',B) & \xrightarrow[h_*A']{} & \mathfrak{C}(A',B') \end{array}$$

Die Kommutativität von 3.3.4 wird durch jede der folgenden drei Aussagen beschrieben:

(3.3.4.1) h_* ist eine natürliche Transformation $\mathfrak{C}(?,B) \longrightarrow \mathfrak{C}(?,B')$,

(3.3.4.2) f^* ist eine natürliche Transformation $\mathfrak{C}(A,?) \longrightarrow \mathfrak{C}(A',?)$,

(3.3.4.3) (kurz:) $h_*f^* = f^*h_*$.

3.3.5 $\mathfrak{C}(??,?)$ definieren wir durch $\mathfrak{C}(??,?)f := f^*$, $\mathfrak{C}(??,?)A := \mathfrak{C}(A,?)$ als kontravarianten Funktor $\mathfrak{C} \longrightarrow \mathrm{Nat}$ (Man kann auch gleich in $\mathrm{Nat}_{Ko}(\mathfrak{C},\mathrm{Me})$ gehen). $\mathfrak{C}(??,?)$ ordnet also jedem $A \in |\mathfrak{C}|$ den kovarianten Funktor $\mathfrak{C}(A,?)$ von 3.3.1 und jedem $f : A' \longrightarrow A$ die natürliche Transformation $f^* : \mathfrak{C}(A,?) \longrightarrow \mathfrak{C}(A',?)$ von 3.3.4.2 zu.

3.3.6 Dual definiert man $\mathfrak{C}(?,??)$ als den kovarianten Funktor $\mathfrak{C} \longrightarrow \mathrm{Nat}$ (oder $\mathrm{Nat}_{Kontra}(\mathfrak{C},\mathrm{Me})$) mit $\mathfrak{C}(?,??)f := f_*$, $\mathfrak{C}(?,??)A := \mathfrak{C}(?,A)$.

3.4 Es gilt:

Satz 3.4.1 $\mathfrak{C}(?,??) : \mathfrak{C} \longrightarrow \mathrm{Nat}$ ist injektiv.

Beweis: Zu zeigen ist $f_* = g_* \Rightarrow f = g$. Für $f : A \longrightarrow A'$, $g : B \longrightarrow B'$ ist $f_* : \mathfrak{C}(?,A) \longrightarrow \mathfrak{C}(?,A')$, $g_* : \mathfrak{C}(?,B) \longrightarrow \mathfrak{C}(?,B')$. Aus $f_* = g_*$ folgt $\mathfrak{C}(X,A) = \mathfrak{C}(X,B)$, $\mathfrak{C}(X,A') = \mathfrak{C}(X,B')$ für jedes $X \in |\mathfrak{C}|$, und daher $A = B$, $A' = B'$. Dann ist $f = f1_A = f_*1_A = g_*1_A = g1_A = g$.

Corollar 3.4.2 $\mathfrak{C}(??,?) : \mathfrak{C} \longrightarrow \mathrm{Nat}$ ist injektiv.

Beweis: dual.

Satz 3.4.3 $\mathfrak{C}(?,??) : \mathfrak{C} \longrightarrow \mathrm{Nat}$ ist voll.

Beweis: Sei $A, B \in |\mathfrak{C}|$ und $\varphi : \mathfrak{C}(?,A) \longrightarrow \mathfrak{C}(?,B)$ eine natürliche Transformation.

Es ist $(\varphi A)1_A =: f \in \mathfrak{C}(A,B)$. Wir zeigen $\varphi = f_*$.
Sei $h \in \mathfrak{C}(X,A)$. Dann ist (Diagramm 3.4.3.1!) $\varphi h = \varphi(h^*1_A) = \varphi h^*1_A = h^*\varphi 1_A = h^*f = fh = f_*h$; die Vertauschung $\varphi h^* = h^*\varphi$

(Diagramm 3.4.3.1)
$$\begin{array}{ccc} \mathfrak{C}(A,A) & \xrightarrow{\varphi A} & \mathfrak{C}(A,B) \\ {\scriptstyle h^*A}\downarrow & & \downarrow{\scriptstyle h^*B} \\ \mathfrak{C}(X,A) & \xrightarrow{\varphi X} & \mathfrak{C}(X,B) \end{array}$$

ist genauer $\varphi h^* = (\varphi X)(h^*A) = (\varphi X)(\mathfrak{C}(h,A)) = (\mathfrak{C}(h,B))(\varphi A) = (h^*B)(\varphi A) = h^*\varphi$, weil φ eine natürliche Transformation $\mathfrak{C}(?,A) \longrightarrow \mathfrak{C}(?,B)$ ist.

Corollar 3.4.4. $\mathfrak{C}(??,?) : \mathfrak{C} \longrightarrow \mathrm{Nat}$ ist voll.

Corollar 3.4.5. Folgende Aussagen sind äquivalent:

1. $f : A \longrightarrow B$ ist eine Äquivalenz (in $\mathfrak{C}$)
2. $f_* : \mathfrak{C}(?,A) \longrightarrow \mathfrak{C}(?,B)$ ist eine Äquivalenz (in Nat)
3. $f_*X : \mathfrak{C}(X,A) \longrightarrow \mathfrak{C}(X,B)$ ist für jedes $X \in |\mathfrak{C}|$ bijektiv (Äquivalenz in Me)
4. $f^* : \mathfrak{C}(B,?) \longrightarrow \mathfrak{C}(A,?)$ ist eine Äquivalenz (in Nat)
5. $f^*X : \mathfrak{C}(B,X) \longrightarrow \mathfrak{C}(A,X)$ ist für jedes $X \in |\mathfrak{C}|$ bijektiv (Äquivalenz in Me).

Beweis: $1 \Rightarrow 2$: 3.1.1.1, da $f \longmapsto f_*$ ein Funktor ist (3.3.6). $2 \Rightarrow 1$: 3.1.1.2, da $f \longmapsto f_*$ injektiv (3.4.1) und voll ist (3.4.3). $2 \Leftrightarrow 3$: 3.2.1 und 3.1.2.
$1 \Leftrightarrow 4$: Man dualisiere $\mathfrak{C}$ in $1 \Leftrightarrow 2$ und ändere die Bezeichnung $A \longleftrightarrow B$.
$4 \Leftrightarrow 5$: 3.2.1 und 3.1.2.

3.5 $\mathfrak{C}$ sei eine Kategorie und $F : \mathfrak{C} \longrightarrow \mathrm{Me}$ ein kovarianter Funktor.
Eine Darstellung (Repräsentation) von F ist eine Äquivalenz φ von F mit $\mathfrak{C}(A,?)$ für ein $A \in |\mathfrak{C}|$ (Äquivalenz in Nat!). F heißt darstellbar (repräsentierbar), wenn eine Äquivalenz mit einem $\mathfrak{C}(A,?)$ existiert. A heißt das „F (mittels φ darstellende Objekt (von $\mathfrak{C}$)".

Satz 3.5.1. Sind $S, T : \mathfrak{C} \longrightarrow \mathrm{Me}$ darstellbar und äquivalent, so sind die S bzw. T darstellenden Objekte äquivalent.

Genauer:

Satz 3.5.2. Sind $\varphi : \mathfrak{C}(A,?) \longrightarrow S$, $\chi : S \longrightarrow T$, $\psi : T \longrightarrow \mathfrak{C}(B,?)$ Äquivalenzen, so ist $\psi\chi\varphi 1_A : B \longrightarrow A$ eine Äquivalenz und $(\psi\chi\varphi 1_A)^* = \psi\chi\varphi$.

Beweis: $\psi\chi\varphi$ ist Äquivalenz $\mathfrak{C}(A,?) \longrightarrow \mathfrak{C}(B,?)$. Der Rest ist 3.1.1.2 nach 3.4.2, 3.4.4.

Corollar 3.5.3. Je zwei Objekte, die denselben Funktor repräsentieren, sind (kanonisch) äquivalent.

3.5.4. Darstellungen kontravarianter Funktoren definiert man dual als Äquivalenzen φ von F mit $\mathfrak{C}(?,A)$.

Satz 3.5.5. Sind $S, T : \mathfrak{C} \longrightarrow Me$ darstellbar und äquivalent, so sind die S bzw. T darstellenden Objekte äquivalent.

Genauer:

Satz 3.5.6. Sind $\varphi : \mathfrak{C}(?,A) \longrightarrow S$, $\chi : S \longrightarrow T$, $\psi : T \longrightarrow \mathfrak{C}(?,B)$ Äquivalenzen, so ist $\psi\chi\varphi 1_A : A \longrightarrow B$ eine Äquivalenz und $(\psi\chi\varphi 1_A)_* = \psi\chi\varphi$.

Beweis: 3.5.2.

Corollar 3.5.7. Je zwei Objekte, die denselben Funktor repräsentieren, sind (kanonisch) äquivalent.

4. Einbettungen und Identifizierungen

In einer Gruppe gelten die Kürzungsregeln $ab = ac \Rightarrow b = c$ und $ba = ca \Rightarrow b = c$. In Monoiden gelten die Regeln im allgemeinen nur für einzelne a. In einer Gruppe existiert zu a,c stets b mit $ab = c$, und b' mit $b'a = c$, nicht jedoch in einem Monoid. Die Paare mit Lösungen b oder b' werden uns interessieren und besonders der Fall $c = 1$.

$\mathfrak{C}$ sei eine feste Kategorie.

4.1 $f \in \mathfrak{C}$ heißt

(Mon) monomorph (hinten kürzbar):$\Leftrightarrow \bigwedge_{u,v} (fu = fv \Rightarrow u = v)$,

(Epi) epimorph (vorn kürzbar):$\Leftrightarrow \bigwedge_{u,v} (uf = vf \Rightarrow u = v)$,

(Bim) bimorph (kürzbar):$\Leftrightarrow$ f monomorph und epimorph [12].

Monomorph und epimorph sind zueinander dual, bimorph ist selbstdual.
Man bezeichnet oft $\bullet \overset{f}{\rightarrowtail} \bullet$ (monomorph), $\bullet \overset{f}{\twoheadrightarrow} \bullet$ (epimorph), $\bullet \overset{f}{\rightarrowtail\!\!\!\twoheadrightarrow} \bullet$ (bimorph).

4.1.1 Beispiele: 1. Monomorph: $f \in$ Me, Gr, Top, Ab ist monomorph, genau wenn (die) f (zugrundeliegende Mengenabbildung) injektiv ist. Wir beweisen $\Rightarrow$: Ist $f \in Me(X,Y)$ nicht injektiv, so existieren $x_1, x_2 \in X$ mit $x_1 \neq x_2$ und $fx_1 = fx_2$. Gleichheit bleibt, im Widerspruch zu monomorph, bestehen, wenn wir x_i durch $x_i' : \{\emptyset\} \longrightarrow X$, $x_i' : \emptyset \longmapsto x_i$ ersetzen. Genauso schließt man in Top, wo die x_i' stetig sind. In Gr, Ab benutzt man eine freie (abelsche) Gruppe mit einem Erzeugenden statt $\{\emptyset\}$. Wir benutzten die Existenz der x_i' in Me = Me_U, die für jedes Universum U gesichert ist. In „kleinen" Teilkategorien von Me kann „monomorph $\Rightarrow$ injektiv" falsch sein: $|\mathfrak{D}| := \{X,Y\}$, wo Y ein und X zwei Elemente hat, mit $Mor_{\mathfrak{D}} := \{1_X, 1_Y\} \cup Me(X,Y)$. Das einzige $f : X \longrightarrow Y$ ist monomorph in $\mathfrak{D}$, da $fu = fv \Rightarrow u = v = 1_X$, aber nicht injektiv.
2. Epimorph: $f \in$ Me, Gr [19], Ab, Top ist epimorph, genau wenn f surjektiv ist. In kleinen Mengenkategorien kann epimorph $\not\Rightarrow$ surjektiv gelten, wie Y mit zwei, X mit einem Element und $\mathfrak{C}$ mit $|\mathfrak{C}| := \{X,Y\}$, $Mor_{\mathfrak{C}} := \{1_X, 1_Y, f\}$ mit $f \in Me(X,Y)$ zeigt. Weniger trivial ist $\mathbb{Q} \subset \mathbb{R}$ (rationale in reelle Zahlen) in der Kategorie der Hausdorffräume und ihrer stetigen Abbildungen epimorph, aber nicht surjektiv (Kuroš - Livšic - Šul'geĭfer [23; 6.9]): Sei X hausdorffsch und $u,v : \mathbb{R} \longrightarrow X$ verschieden, jedoch $uq = vq$ für jedes rationale q.

Gibt es $r \in \mathbb{R}$ mit $ur \neq vr$, so haben ur und vr in X fremde Umgebungen, deren Urbilder in $\mathbb{R}$ offen sind, beide r und daher auch gemeinsame rationale Punkte enthalten. Dann können die Umgebungen von ur und vr nicht fremd gewesen sein.

3. Bimorph: $f \in$ Me, Gr, Ab, Top ist bimorph, genau wenn bijektiv. Das eben betrachtete $\mathbb{Q} \subset \mathbb{R}$ sowie f von 1. $\mathfrak{D}$ und 2. $\mathfrak{C}$ sind sämtlich bimorph, in den betrachteten Kategorien, aber nicht bijektiv.

Satz 4.1.2.1. Einheiten sind bimorph ($\Rightarrow$ monomorph, epimorph),

2. Mit f und g ist gf monomorph (epimorph, bimorph),

3.1 Ist gf monomorph, so f monomorph,

2 Ist gf epimorph, so g epimorph,

3 ($\Rightarrow$) Ist gf bimorph, so f monomorph und g epimorph.

Beweis: 1. $u = 1u = 1v = v$, $u = u1 = v1 = v$. 2. $gfu = gfv \Rightarrow fu = fv$ (g monomorph) $\Rightarrow u = v$ (f monomorph). Epimorph ist dual, bimorph die Konjunktion beider Ergebnisse. 3. (monomorph) $fu = fv \Rightarrow gfu = gfv \Rightarrow u = v$ (gf monomorph), epimorph ist dual nach Umbenennung $f \longleftrightarrow g$, der dritte Teil ein Corollar zu diesen beiden Aussagen.

Satz 4.1.3.1. $f : A \longrightarrow B$ ist monomorph, genau wenn für jedes $X \in |\mathfrak{C}|$ die Mengenabbildung $f_* = \mathfrak{C}(1_X, f) : \mathfrak{C}(X,A) \longrightarrow \mathfrak{C}(X,B)$ injektiv ($\Leftrightarrow$ monomorph in Me) ist,

2. $f : B \longrightarrow A$ ist epimorph, genau wenn für jedes $X \in |\mathfrak{C}|$ $f^* = \mathfrak{C}(f, 1_X) : \mathfrak{C}(A,X) \longrightarrow \mathfrak{C}(B,X)$ injektiv ($\Leftrightarrow$ monomorph (!) in Me) ist,

3. $f : A \longrightarrow B$ ist bimorph, genau wenn für jedes $X \in |\mathfrak{C}|$ $f_* : \mathfrak{C}(X,A) \longrightarrow \mathfrak{C}(X,B)$ und $f^* : \mathfrak{C}(B,X) \longrightarrow \mathfrak{C}(A,X)$ injektiv ($\Leftrightarrow$ monomorph in Me) sind.

Beweis: 1. Nach Definition ist $f_*u = fu$, $f_*v = fv$ für $u, v \in \mathfrak{C}(X,A)$.
2. dual, 3. Konjunktion bei Umbenennung in 2. Man beachte, daß nur in $\mathfrak{C}$, nicht in Me, dualisiert wird, so daß in Me in allen Fällen injektiv (monomorph) erhalten bleibt (Man vergleiche 4.6).

Lemma 4.1.4. Ist f monomorph, epimorph, bimorph in $\mathfrak{C}$, so in jeder Unterkategorie von $\mathfrak{C}$, die f enthält.

Der Beweis ist trivial. Die Umkehrung gilt nicht, wie die Beispiele in 4.1.1 ($\mathfrak{T}$, $\mathfrak{C}$, $\mathbb{Q} \subset \mathbb{R}$) zeigen. Das Lemma ist Spezialfall der allgemeineren Aussage von 4.2.8.1.

<u>4.2</u> Durch

(OZ1) $g \subset_Z f :\Leftrightarrow \bigwedge_{u,v} (uf = vf \Rightarrow ug = vg)$

definieren wir eine schwache Ordnung (s-Ordnung) $\subset_Z$ auf $\mathfrak{C}$, wo „$g \subset_Z f$" als „g ist am Ziel in f enthalten" zu lesen ist.

$\subset_Z$ ist eine schwache Ordnung, da

(so1) $f \subset f$ (reflexiv, 2.3.1 to 1) und

(so2) $f \subset g \subset h \Rightarrow f \subset h$ (transitiv, 2.3.1 to3) gelten.

Im allgemeinen ist $\subset_Z$ nicht antisymmetrisch (2.3.1 to2), wie wir unten zeigen.

<u>Lemma 4.2.1.</u> $g \subset_Z f \Rightarrow Zg = Zf$.

Beweis: $g \subset_Z f \Rightarrow (1_{Zf}f = 1_{Zf}f \Rightarrow 1_{Zf}g = 1_{Zf}g)$. $1_{Zf}g$ beinhaltet nach Vereinbarung, daß $Q1_{Zf} = Zg$ ist.

$\subset_Z$ zerfällt demnach in eine Familie von Ordnungsrelationen in den Mengen

$\mathfrak{C}(\cdot,B) := \bigcup_A \mathfrak{C}(A,B) = \{f \mid Zf = B\}$.

Trivial sind

<u>Lemma 4.2.2.</u> $f \subset_Z 1_{Zf}$ für jedes f und

<u>Lemma 4.2.3.</u> $1_{Zf} \subset_Z f \Leftrightarrow f$ epimorph.

Daß $\subset_Z$ im allgemeinen nicht antisymmetrisch ist, folgt dann aus $f \subset_Z 1 \subset_Z f$ für epimorphes f ($\neq 1$).

<u>4.2.4</u> In Me, Ab, Top und einer Reihe weiterer Beispielkategorien bestätigt man, daß $g \subset_Z f$ gilt, genau wenn das Bild von g im Bild von f enthalten ist. In allgemeinen Kategorien brauchen Morphismen kein „Bild" zu haben, und $g \subset_Z f$ ist Ersatz für „Das Bild von g ist im Bild von f enthalten". Man beachte, daß $q : \mathbb{Q} \subset \mathbb{R}$ epimorph in der Kategorie der Hausdorffräume ist (4.1.1.2), also $1 \subset_Z q$, obwohl $\mathbb{R} \not\subset \mathbb{Q}$ ist. Hier stimmt also $g \subset_Z f$ nicht mit Bild $g \subset$ Bild f überein, falls Bild $(h : X \longrightarrow Y) := \{hx \mid x \in X\}$ wie üblich definiert wird. Die Übereinstimmung wird erzielt, wenn man Bild h als abgeschlossene Hülle von $\{h\,x \mid x \in X\}$ definiert. Wir kommen auf diesen Punkt später (4.8.3) und in [39] zurück.

<u>4.2.5</u> Dual definiert man $g \subset_Q f$, „g ist an der Quelle in f enthalten", durch

(OQ1) $g \subset_Q f :\Leftrightarrow \bigwedge_{u,v} (fu = fv \Rightarrow gu = gv)$.

Man erhält eine s-Ordnung in $\mathfrak{C}$, die in s-Ordnungen in den $\mathfrak{C}(B,\cdot) = \{f \mid Qf = B\}$ zerfällt und hat

<u>Lemma 4.2.5.1.</u> $g \subset_Q f \Rightarrow Qg = Qf$,

2. $f \subset_Q 1_{Qf}$ für jedes f,

3. $1_{Qf} \subset_Q f \Leftrightarrow f$ monomorph und

<u>Corollar 4.2.6</u> $1_{Qf} \subset_Q f$ und $1_{Zf} \subset_Z f \Leftrightarrow f$ bimorph.

In Me, Ab, Top ist $g \subset_Q f$, wenn das Bild (besser Cobild) von g durch Quotientenbildung (Restklassen) aus dem von f gewonnen wird, so daß die Quotientenbildung in dem durch das Diagramm

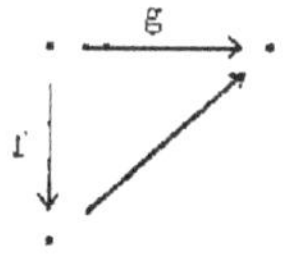

angedeuteten Sinne mit f und g verträglich ist (Quotientenbildung $[x]_f \longmapsto [x]_g$).

<u>4.2.7</u> Über das Verhalten von $\subset$ bei Funktoren hat man

<u>Lemma 4.2.8.</u> Ist $F : \mathfrak{S} \longrightarrow \mathfrak{T}$ injektiv, so gilt

1. $Fg \subset_Z Ff \Rightarrow g \subset_Z f$, $Fg \subset_Q Ff \Rightarrow g \subset_Q f$
   bei kovariantem F und

2. $Fg \subset_Z Ff \Rightarrow g \subset_Q f$, $Fg \subset_Q Ff \Rightarrow g \subset_Z f$
   bei kontravariantem F.

Beweis: $\subset_Z$, F kovariant: Sei $uf = vf$, dann $(Fu)(Ff) = (Fv)(Ff)$, also $F(ug) = (Fu)(Fg) = (Fv)(Fg) = F(vg)$, da $Fg \subset_Z Ff$ und F Funktor ist. $ug = vg$ gilt, da F injektiv ist. Die anderen Aussagen erhält man durch Dualisieren.

Außerdem sind $\subset_Z$, $\subset_Q$ in gewissem Sinne natürlich, d.h.

<u>Lemma 4.2.9.</u> $g \subset_Z f \Rightarrow hg \subset_Z hf$ für jedes h mit $Qh = Zf = Zg$,

$g \subset_Q f \Rightarrow gh \subset_Q fh$ für jedes h mit $Zh = Qf = Qg$.

Beweis: $uhf = vhf \Rightarrow uhg = vhg$.

Trivial ist

<u>Lemma 4.2.10.</u> $g \subset_Z f \Rightarrow gh \subset_Z f$ für jedes h mit $Zh = Qg$,

$g \subset_Q f \Rightarrow hg \subset_Q f$ für jedes h mit $Qh = Zg$.

Z.B. $g \subset_Z f \Rightarrow g \subset_Z fh$ kann man nicht allgemein folgern; ist $f \subset_Z fh$ oder schärfer h epimorph, so ist auch diese Formel richtig.

4.3 Wir definieren

(OZ2) $g <_Z f :\Leftrightarrow \bigvee_h g = fh$

und lesen „f ist hinterer Faktor von g" oder „g ist hinten kleiner als f". Offenbar ist $<_Z$ eine schwache Ordnung auf $\mathfrak{C}$, die wegen

Lemma 4.3.1. $g <_Z f \Rightarrow Zg = Zf$

in eine Familie von s-Ordnungen in den $\mathfrak{C}(\cdot, B)$ zerfällt.

Man illustriere $g <_Z f$ durch

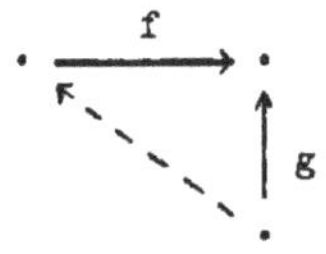

und bemerke, daß aus dem kanonisch in Me zu interpretierenden Diagramm

(Diagramm 4.3.2)

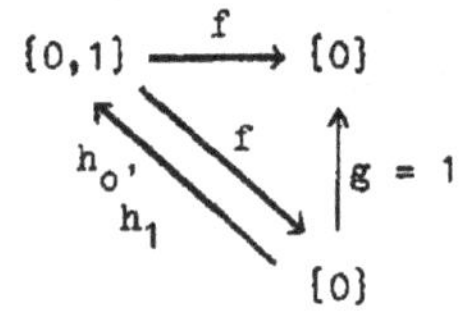

folgt, daß weder $<_Z$ antisymmetrisch, noch h in $g = fh$ eindeutig bestimmt ist.

4.3.3 Sind f,g in Me, Ab, Top Einbettungen von Untermengen (injektiv), Untergruppen (injektiv, monomorph), Unterräume (hier genügt injektiv nicht: Qf, Qg müssen die induzierte Topologie tragen!), so ist $g <_Z f$ gerade $Qg = \text{Bild } g \subset \text{Bild } f = Qf$, $<_Z$ und $\subset_Z$ stimmen also überein.

4.3.4 Trivial ist

Lemma 4.3.5. $f <_Z 1_{Zf}$ für jedes f, da $f = 1_{Zf} f$ ist. Wir definieren

(4.3.6) f heißt Retraktion $:\Leftrightarrow 1_{Zf} <_Z f$.

„Retraktion" ist der Topologie entlehnt und wird durch

illustriert. Hat man $fh = 1$, so heißt f eine Retraktion zu h.

Lemma 4.3.7. $g <_Z f \Rightarrow g \subset_Z f$.

Beweis: $uf = vf$ und $g = fh \Rightarrow ug = ufh = vfh = vg$.

Corollar 4.3.8. Retraktionen sind epimorph (4.2.3).

Die Umkehrung von 4.3.7 gilt im allgemeinen nicht:

4.3.8.1. Für $n \neq 0,1$ ist die kanonische Projektion $\mathbb{Z} \longrightarrow \mathbb{Z}_n$ keine Retraktion in Ab, aber epimorph.

4.3.8.2. Die Tangentialfaserung der S^2 (2-Sphäre in $\mathbb{R}^3$) läßt keine Schnitte ohne Nullstellen zu (z.B. Hirzebruch [21; 17.3.2, 17.3.3] „Ein stetig gekämmter Igel hat mindestens einen Glatzpunkt"). Nach Entfernung der Nullen aus dem tangentialen Bündel erhält man eine epimorphe Faserung, die keine Retraktion (in Top) ist.

4.3.8.3. Man hat aber: $f \in$ Me ist epimorph, genau wenn f eine Retraktion ist: $f : X \longrightarrow Y$ ist epimorph, genau wenn surjektiv. Zu $y \in Y$ ist $\{x \mid fx = y\} \neq \emptyset$. Man wähle zu jedem y ein solches x und erhält $h : Y \longrightarrow X$ mit $fh = 1$ (3.1.2; $\tau_x(fx = y)$ zu y).

4.3.9. In $fh = 1$ kann man $fh = f_*h$ setzen. Damit erhalten wir:

Satz 4.3.10. $f : A \longrightarrow B$ ist Retraktion, genau wenn für jedes X $f_* : \mathfrak{C}(X,A) \longrightarrow \mathfrak{C}(X,B)$ surjektiv (epimorph in Me) ist.

Beweis: 1. „$\Rightarrow$:" Sei $fh = 1_B$. Für $g : X \longrightarrow B$ ist $g = 1_B g$, also $g = f_*(hg)$ mit $hg : X \longrightarrow A$. 2. „$\Leftarrow$:" Sei f_* surjektiv. Man setzt $X = B$. Dann existiert $h \in \mathfrak{C}(B,A)$ mit $fh = f_*h = 1_B$.

4.4 Wir dualisieren 4.3 und definieren

(OQ2) $\quad g <_Q f :\Leftrightarrow \bigvee_h g = hf$

und lesen „f ist vorderer Faktor von g" oder „g ist vorn kleiner als f".

$<_Q$ ist s-Ordnung auf $\mathfrak{C}$, die wegen

Lemma 4.4.1. $g <_Q f \Rightarrow Qg = Qf$

in eine Familie von s-Ordnungen in den $\mathfrak{C}(B,\cdot)$ zerfällt.

Im allgemeinen ist $<_Q$ keine t-Ordnung (nicht antisymmetrisch).

Lemma 4.4.2. $f <_Q 1_{Qf}$ für jedes f.

Wir definieren

(4.4.3) f heißt Schnitt $:\Leftrightarrow 1_{Qf} <_Q f$.

„Schnitt" ist der Theorie der Faserungen entlehnt und wird durch

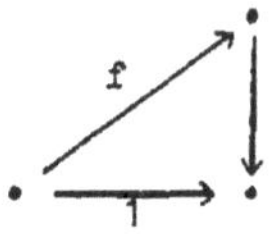

illustriert. Hat man $hf = 1$, so heißt f auch Schnitt zu (in) h.

Lemma 4.4.4. $g <_Q f \Rightarrow g \subset_Q f$

Corollar 4.4.5. Schnitte sind monomorph.

Daß die Umkehrung von 4.4.4 im allgemeinen nicht gilt, folgt aus den Bemerkungen nach 4.3.8. Wir geben weitere Beispiele:

4.4.5.1. Für $n \neq 0,1$ ist $\mathbb{Z} \xrightarrow{n} \mathbb{Z}$ ($z \longmapsto nz$) monomorph, aber kein Schnitt in Ab, $\mathbb{Z} \xrightarrow{n} \mathbb{Z}$ wäre übrigens ein Schnitt, genau wenn $\mathbb{Z} \longrightarrow \mathbb{Z}_n$" von 4.3.8.1 eine Retraktion wäre (Split exact sequence [39]).

4.4.5.2. $S^1 \subset E^2$ (Kreislinie in Kreisscheibe) in Top ist kein Schnitt, da aus einem kommutativen Diagramm

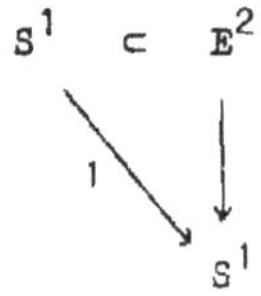

ein kommutatives

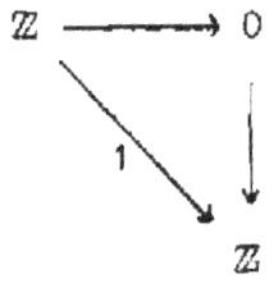

in Gr oder Ab folgt (Fundamentalgruppe, 1-te (singuläre) Homologie).

4.4.5.3. Dagegen gilt: $f \in$ Me ist ein Schnitt, genau wenn f monomorph und $Qf \neq \emptyset$ oder $Zf = \emptyset$ ist. Für $f : X \longrightarrow Y$ definiert man $h : Y \longrightarrow X$, indem man die $y = fx$ in x und den Rest irgendwohin abbildet (3.1.2).

Dual zu 4.3.10 ist

Satz 4.4.6. $f : B \longrightarrow A$ ist Schnitt, genau wenn für jedes X $f^* : \mathfrak{C}(A,X) \longrightarrow \mathfrak{C}(B,X)$ surjektiv (epimorph in Me) ist.

4.5 Wir erinnern daran, daß f eine Äquivalenz (oder umkehrbar) heißt, wenn h mit $hf = 1$ und $fh = 1$ existiert. Man hat

Satz 4.5.1. (logisch) äquivalent sind:

1. f ist eine Äquivalenz,
2. f ist Schnitt und epimorph,
3. f ist Retraktion und monomorph,
4. f ist Schnitt und Retraktion.

Weitere äquivalente Formulierungen: 3.4.5.

Beweis: 1 ⇒ 2: Wegen hf = 1 ist f Schnitt, wegen 4.1.2.1, 4.1.2.3.2 epimorph.
2 ⇒ 1, 4: Aus 1f = f = f1 = f(hf) = (fh)f folgt 1 = fh, da f epimorph ist.
4 ⇒ 2: 4.3.8. 1 ⇔ 3: Dualisierung von 1 ⇔ 2, da 3 dual zu 2 und 1 selbstdual ist.

Trivial ist:

Satz 4.5.2.1. Einheiten sind Äquivalenzen (⇒ Retraktionen, Schnitte),

2. Mit f und g ist gf Schnitt (Retraktion, Äquivalenz),

3.1 Ist gf Schnitt, so ist f Schnitt,

3.2 Ist gf Retraktion, so ist g Retraktion,

3.3 (⇒) Ist gf Äquivalenz, so f Schnitt und g Retraktion,

wozu man 4.1.2 vergleiche.

Corollar 4.5.3. Äquivalenzen sind bimorph.
Die Umkehrung, gilt im allgemeinen nicht ($\mathbb{Q} \subset \mathbb{R}$!), jedoch ist f ∈ Me Äquivalenz, genau wenn bimorph (4.3.8.3, 4.4.5.3, 3.1.2).
Wir formulieren noch einmal ausdrücklich

(4.5.4) Ist gf = 1 und fh = 1, so g = h,

was wir schon in 3.1 bemerkt haben und erinnern an die Bezeichnung f^{-1} für die Umkehrung von f.

Satz 4.5.5. Ist f Schnitt, Retraktion, Äquivalenz in $\mathfrak{C}$, so in jeder Oberkategorie von $\mathfrak{C}$,

ist Corollar zu der allgemeineren Feststellung

Satz 4.5.6. Kovariante Funktoren übertragen $<_Z$ und $<_Q$. Kontravariante Funktoren überführen $<_Z$ in $<_Q$ und $<_Q$ in $<_Z$.

Beweis: Ist F kovariant und $g <_Z f$, so $g = fh$ und $Fg = (Ff)\circ(Fh)$, also $Fg <_Z Ff$ und dual.

Man hat die 4.2.9, 4.2.10 entsprechenden Natürlichkeiten. Für $g <_Z f \Rightarrow g <_Z fh$ benötigt man hier $f <_Z fh$ oder schärfer, daß h eine Retraktion ist.

4.6 Die Formulierung von insbesondere 4.1.3.1 - 4.3.10, 4.1.3.2 - 4.4.6 legt eine gewisse „Dualität" zwischen monomorph - Retraktion, epimorph - Schnitt nahe. Wir stellen zuerst fest:

(4.6.1) $A \xrightarrow{f} B$ ist monomorph $\Leftrightarrow f_* : \mathfrak{C}(?,A) \longrightarrow \mathfrak{C}(?,B)$ monomorph in Nat ist,

(4.6.2) $A \xleftarrow{f} B$ ist epimorph $\Leftrightarrow f^* : \mathfrak{C}(A,?) \longrightarrow \mathfrak{C}(B,?)$ monomorph in Nat ist,

(4.6.3) $A \xrightarrow{f} B$ ist Retraktion $\Leftrightarrow f_* : \mathfrak{C}(?,A) \longrightarrow \mathfrak{C}(?,B)$ Retraktion in Nat ist,

(4.6.4) $A \xleftarrow{f} B$ ist Schnitt $\Leftrightarrow f^* : \mathfrak{C}(A,?) \longrightarrow \mathfrak{C}(B,?)$ Retraktion in Nat ist.

Beweis: $f \longmapsto f_*$, $f \longmapsto f^*$ sind Funktoren, daher gilt $\Rightarrow$ in 3. und 4. nach 4.5.6, 4.3.8 ; außerdem sind $f \longmapsto f_*$, $f \longmapsto f^*$ injektiv, daher gilt $\Leftarrow$ in 1. und 2. Wir zeigen: Für $\varphi : S \longrightarrow T$ bei $S,T : \mathfrak{C} \longrightarrow Me$ gilt

(4.6.5) Ist jedes φX injektiv (monomorph), so ist φ monomorph (in Nat),

(4.6.6) Ist φ Retraktion in Nat, so ist jedes φX surjektiv (epimorph).

Beweis: 1. Sei $\varphi\alpha = \varphi\beta$ für $U \underset{\beta}{\overset{\alpha}{\rightrightarrows}} S \xrightarrow{\varphi} T$, also $U : \mathfrak{C} \longrightarrow Me$. Für $X \in |\mathfrak{C}|$, $x \in UX$ ist $(\varphi X)(\alpha X)x = (\varphi X)(\beta X)x$ und da φX injektiv ist, $(\alpha X)x = (\beta X)x$, also $\alpha = \beta$. 2. Existiert ψ mit $\varphi\psi = 1_T$, so ist $(\varphi X)(\psi X) = 1_{TX}$ und φX epimorph (4.3.8).

Für kovariantes $F : \mathfrak{C} \longrightarrow \mathfrak{D}$ heißt $f \in \mathfrak{C}$ F-monomorph, wenn Ff monomorph ist. Durch Dualisierung und Wahl spezieller $\mathfrak{D}$, F erhält man:

(4.6.7) keine Dualisierung, $\mathfrak{D}$ = Nat, $F = (f \longmapsto f_*)$, monomorph,

(4.6.8) Dualisierung von $\mathfrak{C}$, $\mathfrak{D}$ = Nat, $F = (f \longmapsto f^*)$, epimorph,

(4.6.9) Dualisierung von $\mathfrak{D}$, $\mathfrak{D}$ = Nat, $F = (f \longmapsto f_*)$, Retraktion,

(4.6.10) Dualisierung von $\mathfrak{C}$ und $\mathfrak{D}$, $\mathfrak{D}$ = Nat, $F = (f \longmapsto f^*)$, Schnitt.

Man beachte, daß erst dualisiert wird und danach F und $\mathfrak{D}$ spezialisiert werden. Statt Nat kann man die einzelnen $Nat_V(\mathfrak{C},Me)$ nehmen, in die Nat zerfällt und den Zusammenhang mit der Dualisierung von $\mathfrak{C}$ in $Nat_V(\mathfrak{C},\mathfrak{C})$ untersuchen, bei anschließender Wahl von $\mathfrak{C}$ = Me.

4.7 Als technische Spielerei bemerken wir, daß man $\subset_Z$, $\subset_Q$, monomorph, epimorph, bimorph sämtlich mit Hilfe von $<$ definieren kann: Zuerst $\subset_Z : \bullet \xrightarrow{f} B$ definiert eine Äquivalenzrelation $u \sim_f v :\Leftrightarrow uf = vf$ in $\mathfrak{C}(B,\bullet)$. Für $Y \in |\mathfrak{C}|$ bilde man die Restklassenmenge $F_fY := \mathfrak{C}(B,Y)/\sim_f$. Ist $Y \xrightarrow{h} Y'$, und $u, v \in \mathfrak{C}(B,Y)$ und $u \sim_f v$, so $hu \sim_f hv$, h definiert also eine Abbildung $F_fh : F_fY \longrightarrow F_fY'$. F_f ist ein kovarianter Funktor $\mathfrak{C} \longrightarrow Me$ und die kanonischen Projektionen $\mathfrak{C}(B,Y) \xrightarrow{\bar{f}Y} \mathfrak{C}(B,Y)/\sim_f = F_fY$ liefern eine natürliche Transformation $\bar{f} : \mathfrak{C}(B,?) \longrightarrow F_f$. $g \subset_Z f$ wird durch $\bar{f} <_Q \bar{g}$ in $Nat(\mathfrak{C},Me)$ definiert.

Dual erhält man $\subset_Q$ ebenfalls aus $\bar{f} <_Q \bar{g}$, wo jetzt z.B. $\bar{f} : \mathfrak{C}(Y,B) \longrightarrow F_f Y$ mit $F_f Y = \mathfrak{C}(Y,B)/\sim_f$ mit $u \sim v \Leftrightarrow fu = fv$ ist. Dann definiert man „f monomorph $:\Leftrightarrow 1 \subset_Q f$" etc..

4.8 Ist in Me, Ab, Top X Untermenge, Untergruppe, Unterraum, so kann jedes $\cdot \xrightarrow{g} Y$, dessen Bild im Bild von X (=X) liegt, als

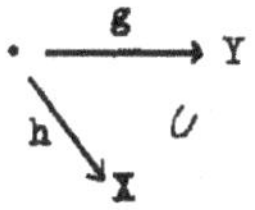

mit (homomorphem, stetigem) h zerlegt werden und h ist eindeutig bestimmt. Betrachten wir statt $X \subset Y$ irgendein $f : X \longrightarrow Y$, so genügt für die Faktorisierbarkeit in Me, Ab, daß f monomorph ist, in Top muß außerdem X die von f induzierte Topologie tragen ($A \subset X$ ist offen $\Leftrightarrow fA = fX \cap B$ mit einem in Y offenen B). Die Bedingung monomorph ist äquivalent mit der Eindeutigkeit von h. Quotientenmengen, -gruppen, -räume sind durch die duale Eigenschaft charakterisiert.

4.8.1 $f \in \mathfrak{C}$ heißt Einbettung, wenn
(E) für jedes g mit $g \subset_Z f$ genau ein h mit $g = fh$ existiert, was

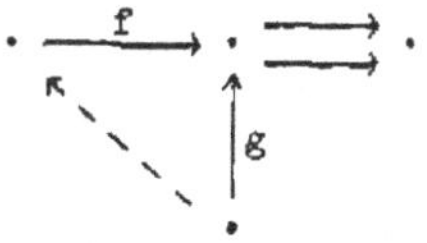

illustriert.

Setzt man

(E1) f ist monomorph,

(E2) $\bigwedge_g (g \subset_Z f \Rightarrow g <_Z f)$, so gilt

Lemma 4.8.2. E $\Leftrightarrow$ (E1 und E2)

Beweis: E $\Rightarrow$ E1: Sei $fu = fv$. Man hat $fu = fv \subset_Z f$ (4.2.10), also genau ein h mit $fu = fv = fh$, also $u = v = h$.

4.8.3 Nach den einleitenden Bemerkungen beschreiben Einbettungen in Me, Ab, Top das Gewünschte. Man überzeuge sich, daß in der Kategorie der Hausdorffräume und stetigen Abbildungen Einbettungen die abgeschlossenen Unterräume beschreiben ($\mathbb{Q} \subset \mathbb{R}$ ist keine Einbettung). Bei topologischen Gruppen und stetigen Homomorphismen erhält man abgeschlossene Untergruppen. Wir sind der Ansicht, daß abgeschlossene Untergruppen in diesen Kategorien die richtigen „Unterobjekte" sind.

<u>Lemma 4.8.4.</u> Schnitte **sind** Einbettungen.

Beweis: monomorph nach 4.4.5. Ist f Schnitt, also $hf = 1$ für geeignetes h und $g \subset_Z f$, so folgt aus $(fh)f = f(hf) = f1 = f = 1f$, daß $f(hg) = (fh)g = 1g = g$ ist, also $g \prec_Z f$.

Die Umkehrung gilt im allgemeinen nicht, wie wir in 4.11 untersuchen; jedoch gilt

<u>Lemma 4.8.5.</u> Epimorphe Einbettungen sind Äquivalenzen (= Schnitte).

Beweis: Ist $f : \cdot \longrightarrow B$ epimorph, so $1_B \subset_Z f$ (4.2.3); da f Einbettung ist, folgt daraus $1_B \prec_Z f$, was Definition der Retraktion ist (4.3.6). Monomorphe Retraktionen sind Äquivalenzen (4.5.1).

<u>4.9</u> $\prec_Z$ definiert eine Äquivalenzrelation $\sim_Z$ in $\mathfrak{C}$ mit

(ÄZ) $f \sim_Z g :\leftrightarrow f \prec_Z g$ und $g \prec_Z f$.

Aus dem Diagramm 4.3.2 entnimmt man, daß man so zunächst keine sehr sinnvolle Relation erhält (z. B. sind in Me alle Morphismen mit dem gleichen einpunktigen Ziel und nicht leerer Quelle äquivalent).

Wir beweisen

<u>Satz 4.9.1.</u> Ist $f = gh$ und $g = fh'$ und sind f und g monomorph, so ist $hh' = 1$ und $h'h = 1$.

<u>Corollar 4.9.2.</u> Ist $f \sim_Z g$ und sind f und g monomorph, so sind Qf und Qg äquivalent. Eine Äquivalenz $h : Qf \longrightarrow Qg$ kann mit $gh = f$ gewählt werden. $h^{-1} : Qg \longrightarrow Qf$ genügt dann $fh^{-1} = g$.

Beweis: Es ist $g1 = g = fh' = ghh'$, also $hh' = 1$, da g monomorph ist und $f1 = f = gh = fh'h$, also $h'h = 1$, da f monomorph ist.

Bei Beschränkung auf monomorphe Morphismen erhalten wir offenbar eine wesentlich sinnvollere Äquivalenzrelation.

<u>4.9.3</u> Mon B sei die Menge aller monomorphen $\cdot \longrightarrow B$. $\prec_Z$ ist auf Mon B eine s-Ordnung, $\sim_Z$ auf Mon B eine Äquivalenzrelation und $\prec_Z$ induziert auf Mon B$/\sim_Z$ - der Menge der Äquivalenzklassen $[f]_Z := \{g \mid g \sim_Z f\}$, $f \in$ Mon B - eine t-Ordnung, die wir auch mit $\prec_Z$ bezeichnen. Wir haben also zu SO1,2

(TO) $[f] \prec [g]$ und $[g] \prec [f] \Rightarrow [f] = [g]$.

Satz 4.9.4. $(\mathrm{Mon}\, B/\!\sim_Z, <_Z)$ ist eine t-geordnete Menge und hat ein größtes Element $[1_B]_Z$.

Beweis: $f <_Z 1_{Zf}$ für jedes f (4.3.5). Aus 4.9.1 folgt, daß $[1_B]_Z$ genau aus allen Äquivalenzen $\cdot \longrightarrow B$ besteht.

Lemma 4.9.5. Eine Äquivalenzklasse von Monomorphismen enthält entweder nur Einbettungen oder keine Einbettung.

Beweis: Sei $[f] = [g]$ mit monomorphen f,g. f sei Einbettung und $u \subset g$.
Da $f \sim g$ ist, ist $g < f$ also $g \subset f$ (4.3.7), also $u \subset g \subset f$ oder $u \subset f$.
Da f Einbettung ist, ist $u < f$. Da $f < g$ $(f \sim g)$ ist, ist $u < f < g$, also $u < g$ und g Einbettung.

Eine Äquivalenzklasse von Einbettungen $\cdot \longrightarrow B$ heißt ein Teil [13]) von B.
Die Menge aller Teile von B sei Tei B. $f \in\in$ Tei B heißt $[f]_Z \in$ Tei B, also daß f eine Einbettung ist.

Nach 4.9.5 ist Tei B $\subset \mathrm{Mon}\, B/\!\sim_Z$ und auch mittels $<_Z$ t-geordnet. Da Identitäten Einbettungen sind, gilt

Satz 4.9.6. (Tei B, $<_Z$) ist eine t-geordnete Menge mit größtem Element $[1_B]_Z$.
Auf Tei B stimmen $<_Z$ und die von $\subset_Z$ induzierte Ordnung überein, da bereits $g \subset_Z f \Leftrightarrow g <_Z f$ gilt, wenn nur f eine Einbettung ist.

Statt durch Äquivalenzklassen hätte man Tei B ebensogut durch Auswahl von Repräsentanten definieren können, und das geschieht auch häufig. Sinnvollerweise repräsentiert man dann $[1_B]$ durch 1_B.

4.9.7 Bei $\cdot \xrightarrow{f} A \xrightarrow{g} B$ wird man erwarten, daß aus $f \in\in$ Tei A, $g \in\in$ Tei B folgt, daß $gf \in\in$ Tei B ist. Das ist nicht richtig, wie folgendes Beispiel (T. tom Dieck) zeigt: $\mathfrak{C}$ sei die Kategorie, die durch das Diagramm

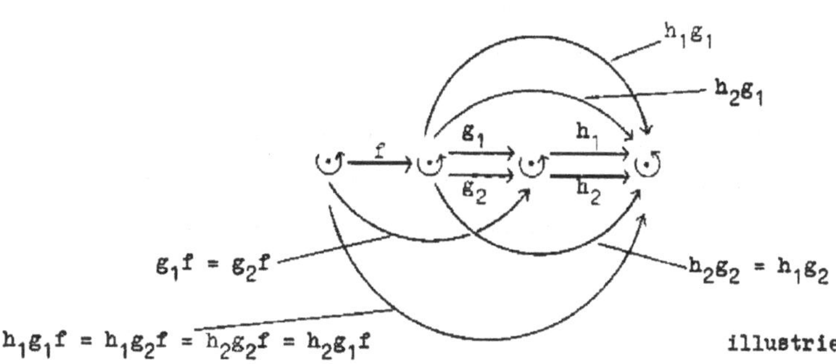

illustriert wird mit

den durch $h_2g_2 = h_1g_2$ und $g_1f = g_2f$ erzeugten angegebenen Gleichheitsbeziehungen. f und g_2 sind Einbettungen, g_2f ist keine Einbettung : f ist monomorph, und es existiert kein $f' \subset f$ ($f' \neq f$), daher ist f Einbettung. (Man beachte, daß nicht etwa $1_{Zf} \subset f$ ist!).

g_2 ist monomorph und $g' \subset g_2$ ist äquivalent mit $h_1g' = h_2g'$, und das gilt für g_2, g_2f, g_1f statt g'.

Klar ist g_2, g_2f, $g_1f < g_2$ ($g_2f = g_1f$!), so daß g_2 Einbettung ist. Wäre g_2f Einbettung, so müßte wegen $g_2 \subset g_2f$ auch $g_2 < g_2f$ sein, und diese Relation gilt nicht.

4.10. Wir dualisieren 4.8, 4.9: $f \in \mathfrak{C}$ heißt Identifizierung, wenn

(I) für jedes g mit $g \subset_Q f$ genau ein h mit $g = hf$ existiert.

I ist äquivalent mit der Konjunktion von

(I1) f ist epimorph und

(I2) $\bigwedge_g g \subset_Q f \Rightarrow g <_Q f$.

Man überzeuge sich, daß Identifizierungen in Me, Ab, Top die üblichen Quotientenmengen, -gruppen, -räume beschreiben.

Lemma 4.10.1. Retraktionen sind Identifizierungen (4.8.4), wozu man für die Umkehrung 4.11 vergleiche.

Lemma 4.10.2. Monomorphe Identifizierungen sind Äquivalenzen (4.8.5).

4.10.3 $\sim_Q$ ist durch

(ÄQ) $f \sim_Q g :\Leftrightarrow f <_Q g$ und $g <_Q f$ definiert.

Satz 4.10.4. Ist $f = hg$ und $g = h'f$ und sind f und g epimorph, so ist $h'h = 1$ und $hh' = 1$ (4.9.1).

Corollar 4.10.5. Ist $f \sim_Q g$ und sind f und g epimorph, so sind Zf und Zg äquivalent. Die Äquivalenz $h : Zg \longrightarrow Zf$ kann mit $hg = f$ gewählt werden. $h^{-1} : Zf \longrightarrow Zg$ genügt dann $h^{-1}f = g$.

Die Menge Epi B aller epimorphen $B \longrightarrow \cdot$ ist mit $<_Q$ s-geordnet. Auf $\mathrm{Epi}\,B/\sim_Q$ wird eine t-Ordnung, die wir auch $<_Q$ bezeichnen, induziert. $[1_B]_Q$ ist größtes Element von ($\mathrm{Epi}\,B/\sim_Q$, $<_Q$) und enthält genau alle Äquivalenzen $B \longrightarrow \cdot$.

<u>Lemma 4.10.6.</u> Eine Äquivalenzklasse von Epimorphismen enthält entweder nur Identifizierungen oder keine Identifizierung.

Die Äquivalenzklassen von Identifizierungen $B \longrightarrow \cdot$ heißen die Quotienten von B. Die Menge aller Quotienten von B sei Quot B . $f \in \in$ Quot B bedeutet, daß f Identifizierung ist. Wegen 4.10.6 ist $\mathrm{Quot}\, B \subset \mathrm{Epi}\, B/\sim_Q$. $(\mathrm{Quot}\, B, <_Q)$ ist t-geordnet mit größtem Element $[1_B]_Q$. Dieselbe Ordnung auf Quot B erhält man mit $\subset_Q$. Man hat das zu 4.9.7 duale Beispiel.

Die von Eckmann-Hilton in Epi B verwendete Ordnung $<_{EH}$ ist $g <_{EH} f \Leftrightarrow f <_Q g$. Betrachtet man Fälle, in denen $\mathrm{Epi}\, B/\sim$ ein Verband ist [39], so beachte man eine entsprechende Vertauschung der Bezeichnungen bei den Verbandsoperationen. Unsere Ordnung wurde im Hinblick auf die Behandlung der I-Kategorien in [39] gewählt.

<u>4.11</u> Wir erinnern an

Schnitt ⇒ Einbettung ⇒ monomorph (4.8.4, 4.8.2),

Retraktion ⇒ Identifizierung ⇒ epimorph (dual),

Äquivalenz ⇔ Einbettung und Identifizierung ⇒ bimorph (⇐: 4.8.5).

In speziellen Kategorien sind einzelne der Folgebeziehungen umkehrbar.

Wir stellen einige Beispiele für Umkehrbarkeit und Nichtumkehrbarkeit zusammen:

<u>4.11.1</u> Me: Epimorph ⇒ Identifizierung ⇒ Retraktion (4.3.8.3).

<u>4.11.2</u> Gr, Ab, RMod: Epimorph ⇒ Identifizierung ⇏ Retraktion.

Man zeige, daß aus $g \subset_Q f$ die entsprechende Relation $\bar{g} \subset_Q \bar{f}$ für die f,g zugrundeliegende Mengenabbildung folgt (Benutzung freier Gruppen etc. wie in 4.1.1).

$\bar{f}$ ist epimorph und nach 4.11.1 Identifizierung, also $\bar{g} \subset_Q \bar{f} \Rightarrow \bar{g} <_Q \bar{f}$. Es existiert also eine Mengenabbildung $\bar{h}$ mit $\bar{g} = \bar{h}\bar{f}$. Dann zeige man, daß bei epimorphem f (f surj.) mit $\bar{f}$ und $\bar{h}\bar{f} = \bar{g}$ auch $\bar{h}$ die algebraische Struktur respektiert.

$\mathbb{Z} \longrightarrow \mathbb{Z}_n$ $(n \neq 0,1)$ ist keine Retraktion in $\mathrm{Gr} \supset \mathrm{Ab} = \mathbb{Z}\mathrm{Mod}$, aber Identifizierung.

<u>4.11.3</u> MePa: Epimorph ⇏ Identifizierung ⇒ Retraktion.

Für $((X,A), (Y,B), F)$ setzen wir $f := (X, Y, F)$, $f' := (A, B, (A \times B) \cap F)$.

$((X,A), (Y,B), F)$ ist epimorph, genau wenn f epimorph in Me ist und Identifizierung, genau wenn f und f' epimorph sind.

In diesem Falle sind f, f' einzeln Retraktionen, und der Schnitt zu f kann so gewählt werden, daß er auf B mit einem beliebigen vorher zu f' gewählten Schnitt übereinstimmt.

4.11.4. Top: Epimorph $\neq$ Identifizierung $\neq$ Retraktion.

f in Top ist monomorph (epimorph), genau wenn die zugrundeliegende Mengenabbildung monomorph (epimorph) in Me ist. Für ein mindestens zweielementiges X ist die durch 1_X definierte stetige Abbildung $(X,D) \longrightarrow (X,K)$ von X mit der diskreten in X mit der Klumpentopologie (nur X und $\emptyset$ sind offen) bimorph, aber keine Identifizierung, da sie andernfalls eine Äquivalenz (homöomorph) wäre (4.10.2). Oder man stellt fest, daß $f : A \longrightarrow B$ Identifizierung ist, genau wenn die Topologie von B die Eigenschaft „$C \subset B$ offen $\Leftrightarrow f^{-1}C$ offen" hat und f epimorph ist. $(X,D) \longrightarrow (X,K)$ ist dann offenbar keine Identifizierung.

$I \xrightarrow{f} S^1$ mit $fx = (1, 2\pi x)$ in Polarkoordinaten (r,φ) ist eine Identifizierung, aber keine Retraktion, da die Fundamentalgruppe oder erste (singuläre) Homologiegruppe aus

$$\begin{array}{ccc} & & I \\ & \nearrow & \downarrow f \\ S^1 & \xrightarrow{1} & S^1 \end{array} \quad \text{ein kommutatives Diagramm} \quad \begin{array}{ccc} & & 0 \\ & \nearrow & \downarrow f_* \\ \mathbb{Z} & \xrightarrow{1} & \mathbb{Z} \end{array}$$

ableitet.

Man überlege Beispiele für die dualen Fälle. Für monomorph $\Rightarrow$ Einbettung $\Rightarrow$ Schnitt gehe man in PuMe (wegen $\emptyset$ in 4.4.5.3).

4.12 Wir geben eine andere Charakterisierung von Einbettungen (Dold):

Sei $f : A \longrightarrow B$. Wir definieren einen kontravarianten Funktor

$G_f : \sigma \longrightarrow Me : G_f X := \{g \mid Qg = X \text{ und } g \subset_Z f\}$;

für $h : X \longrightarrow X'$ gilt $g \subset_Z f \Rightarrow gh \subset_Z f$ (4.2.10), so daß $G_f h : G_f X' \longrightarrow G_f X$ durch $(G_f h)g := gh$ definiert werden kann. Man hat eine natürliche Transformation ξ, die

$$\begin{array}{ccc} \sigma(?,A) & \xrightarrow{f_*} & \sigma(?,B) \\ & \searrow^{\xi} & \uparrow \cup \\ & & G_f \end{array}$$

kommutativ macht.

Ist ξ eine Äquivalenz, so ist jedes f_*X monomorph, also f monomorph und jedes ξX epimorph, was gerade $g <_Z f$ bedeutet. f ist also Einbettung, genau wenn A den Funktor G_f repräsentiert.

5. Produkte und Coprodukte

Sind X, Y, Z Mengen und $f_1 : Z \longrightarrow X$, $f_2 : Z \longrightarrow Y$ Abbildungen, so definiert die Festsetzung $fz := (f_1z, f_2z) \in X \times Y$ eine Abbildung $f : Z \longrightarrow X \times Y$. Sind $p_1 : X \times Y \longrightarrow X$, $p_2 : X \times Y \longrightarrow Y$ die kanonischen Projektionen mit $p_1(x,y) = x$, $p_2(x,y) = y$, so erhält man $f_1 = p_1f$, $f_2 = p_2f$.

$\mathfrak{K}$ sei eine Kategorie.

5.1 Ein Diagramm $A_1 \xleftarrow{p_1} D \xrightarrow{p_2} A_2$ heißt ein Produktdiagramm, wenn sich jedes Diagramm

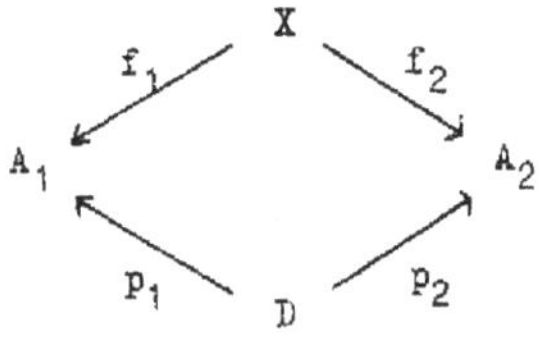

durch genau einen Morphismus $f : X \longrightarrow D$ zu einem kommutativen Diagramm

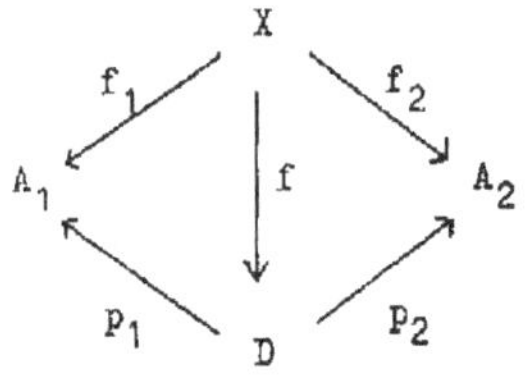

ergänzen läßt, das heißt, wenn für jedes X die durch $f \longmapsto (p_1f,\ p_2f)$ definierte Abbildung $\mathfrak{K}(X,D) \longrightarrow \mathfrak{K}(X,A_1) \times \mathfrak{K}(X,A_2)$ bijektiv ist. Ein Produktdiagramm mit A_1, A_2, D wie oben existiert also, genau wenn die Funktoren $\mathfrak{K}(?,D)$, $\mathfrak{K}(?,A_1) \times \mathfrak{K}(?,A_2) : \mathfrak{K} \longrightarrow$ Me äquivalent sind, das heißt, wenn D den Funktor $\mathfrak{K}(?,A_1) \times \mathfrak{K}(?,A_2) : \mathfrak{K} \longrightarrow$ Me repräsentiert (4.1.1, 4.2.4, 3.1.2, 3.2.1).
$\Rightarrow$ ist trivial; $\Leftarrow$: Ist $\mu : \mathfrak{K}(?,D) \longrightarrow \mathfrak{K}(?,A_1) \times \mathfrak{K}(?,A_2)$ eine Äquivalenz, so erhält man (p_1,p_2) als $\mu 1_D$ (wie 3.4.3). μ ist Funktoräquivalenz, daher rechnet man für jedes $f : X \longrightarrow D$ aus, daß $(\mu X)f = \mu(1_Df) = \mu(f^*1_D) = (f^* \times f^*)(\mu D)1_D = (f^* \times f^*)(p_1,p_2) = (f^*p_1,\ f^*p_2) = (p_1f,\ p_2f)$ ist, wie mit dem Diagramm

$$\begin{array}{ccc}
\mathfrak{C}(X,D) & \xrightarrow{\mu} & \mathfrak{C}(X,A_1) \times \mathfrak{C}(X,A_2) \\
\mathfrak{C}(f,D) = f^* \Big\uparrow & & \Big\uparrow \mathfrak{C}(f,A_1) \times \mathfrak{C}(f,A_2) = f^* \times f^* \\
\mathfrak{C}(D,D) & \xrightarrow{\mu} & \mathfrak{C}(D,A_1) \times \mathfrak{C}(D,A_2)
\end{array}$$

illustriert.

Man beachte den Sonderfall, daß eines der $\mathfrak{C}(X,\cdot)$ leer ist (Beispiel: $\mathfrak{C} = \mathrm{Me}$, $A_1 \neq \emptyset$, $A_2 = \emptyset$, $X \neq \emptyset$).

Wie bei der Definition von Teilen und Quotienten sind p_1, p_2 hier wesentlich.

Bei der letzten Charakterisierung muß man μ mit angeben, wenn man das Produktdiagramm auffinden will. Die Umkehrung von μ bezeichnen wir der Einfachheit halber als $[?,?]_\mu =: [?,?]$ oder mit $[?,?]_P =: [?,?]$, wo P das Diagramm $A_1 \xleftarrow{p_1} D \xrightarrow{p_2} A_2$ bezeichnet. Dann ist $f = [p_1 f, p_2 f] : X \longrightarrow D$ und $p_\nu [f_1, f_2] = f_\nu$, $\nu = 1,2$.

<u>Satz 5.1.1.</u> $\mathfrak{C}(A_1,A_2) \neq \emptyset \Leftrightarrow p_1$ ist Retraktion.

Beweis: $\mathfrak{C}(A_1,D) \xrightarrow{\mu} \mathfrak{C}(A_1,A_1) \times \mathfrak{C}(A_1,A_2)$ ist bijektiv und für beliebiges $g : A_1 \longrightarrow A_2$ ist $p_1[1_{A_1}, g] = 1_{A_1}$. Ist p_1 Retraktion, so $\mathfrak{C}(A_1,D) \neq \emptyset$ und da μ Abbildung (bijektiv), ist auch $\mathfrak{C}(A_1,A_2) \neq \emptyset$.

<u>Corollar 5.1.2.</u> $\mathfrak{C}(A_1,A_2) \neq \emptyset \Rightarrow p_1$ ist epimorph.

Vertauschung der Zahlen 1 und 2 (Dualität der Hilfskonstanten) liefert die entsprechenden Ergebnisse für p_2.

In dem oben erwähnten Sonderfall ist $\mathrm{Me}(A_1, A_2) = \emptyset$ bei $A_1 \neq \emptyset$, $A_2 = \emptyset$.
p_1 ist nicht epimorph.

<u>5.2</u> Betrachtet man

$$\begin{array}{ccccc}
A_1 & \xleftarrow{p_1} & D & \xrightarrow{p_2} & A_2 \\
f_1 \Big\downarrow & & & & \Big\downarrow f_2 \\
B_1 & \xleftarrow[p_1']{} & D' & \xrightarrow[p_2']{} & B_2
\end{array} ,$$

wo die Zeilen Produktdiagramme sind, so gibt es genau einen Morphismus $f : D \longrightarrow D'$, der das Diagramm kommutativ macht, nämlich $f = [f_1 p_1, f_2 p_2]_{P'}$, wenn wir die untere Zeile mit P' bezeichnen.

Man bezeichnet $f = [f_1p_1,\ f_2p_2] =: (f_1 \times f_2)_{P'P}$, wo P die obere Zeile des Diagramms ist. Bei Mengen mit $D = A_1 \times A_2$, $D' = B_1 \times B_2$ ist $(f_1 \times f_2)(x,y) = (f_1x, f_2y)$.

Rechenregeln:

<u>Satz 5.2.1.</u> $[g_1,\ g_2]_P h = [g_1h,\ g_2h]_P$

2. $(f_1 \times f_2)_{P'P}[g_1, g_2]_P = [f_1g_1,\ f_2g_2]_{P'}$

3. $(g_1 \times g_2)_{P''P'}(f_1 \times f_2)_{P'P} = (g_1f_1 \times g_2f_2)_{P''P}$

4. $(1 \times 1)_{PP} = 1$

Beweis: 1. Nach Definition ergänzt $[g_1,\ g_2]_P$ das Diagramm

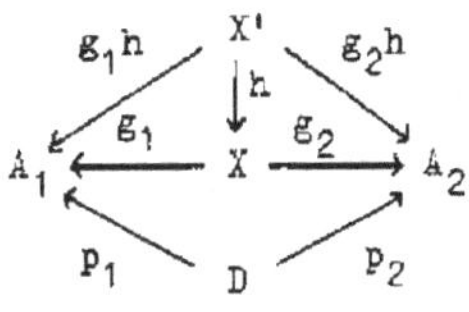

kommutativ zu

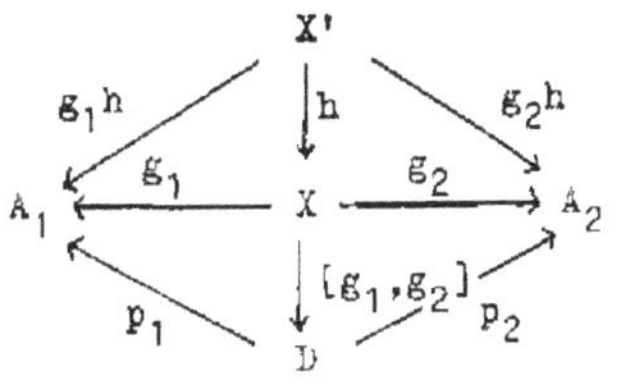

Man lasse g_1, g_2 fort. Wegen der Kommutativität ist $[g_1,\ g_2]h = [g_1h,\ g_2h]$, da es nur eine Ergänzung gibt.

Zu 2 betrachte man

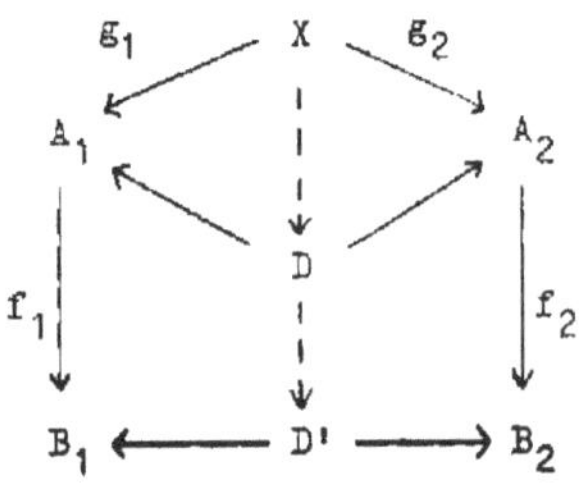

und argumentiere ähnlich.

Zu 3 betrachte man

$$\begin{array}{ccccc} A_1 & \longleftarrow & D & \longrightarrow & A_2 \\ {\scriptstyle f_1}\downarrow & & \downarrow & & \downarrow{\scriptstyle f_2} \\ B_1 & \longleftarrow & D' & \longrightarrow & B_2 \\ {\scriptstyle g_1}\downarrow & & \downarrow & & \downarrow{\scriptstyle g_2} \\ C_1 & \longleftarrow & D'' & \longrightarrow & C_2 \end{array}$$

und 4 erhält man aus der Kommutativität von

$$\begin{array}{ccccc} A_1 & \longleftarrow & D & \longrightarrow & A_2 \\ {\scriptstyle 1}\downarrow & & \downarrow{\scriptstyle 1} & & \downarrow{\scriptstyle 1} \\ A_1 & \longleftarrow & D & \longrightarrow & A_2 . \end{array}$$

Corollar 5.2.4. Sind $P = (A_1 \longleftarrow D \longrightarrow A_2)$ und $P' = (A_1 \longleftarrow D' \longrightarrow A_2)$ Produktdiagramme, so ist $(1_{A_1} \times 1_{A_2})_{P'P} : D \longrightarrow D'$ eine Äquivalenz.
Man kann natürlich auch bemerken, daß D, D' denselben Funktor repräsentieren und daher äquivalent sind.

5.3 Eine Kategorie $\mathfrak{C}$ mit der Eigenschaft

(P) „Zu jedem Paar (A_1,A_2) von Objekten von $\mathfrak{C}$ existiert (mindestens) ein Produktdiagramm"

heißt „Kategorie mit Produkten". Zu jedem Paar (A_1,A_2) wähle man ein Produktdiagramm $P = (A_1 \longleftarrow D \longrightarrow A_2)$ und bezeichne $D =: A_1 \times A_2$, $(f_1 \times f_2)_P =: f_1 \times f_2$.

Corollar 5.3.1. $\times$ ist ein kovarianter Funktor $\mathfrak{C} \times \mathfrak{C} \longrightarrow \mathfrak{C}$. Wird $\times'$ wie $\times$, aber durch andere Auswahl hergestellt, so sind $\times$ und $\times'$ äquivalent.
Beweis: Funktor folgt aus 5.2.3.4, kovariant ist klar. Zur Äquivalenz von $\times$ und $\times'$ stelle man mit 5.2.3.4 fest, daß die $(1_{A_1} \times 1_{A_2})_{P'P}$ eine natürliche Äquivalenz $\times \longrightarrow \times'$ liefern.
Übrigens ist $\mathfrak{C} \longleftarrow \mathfrak{C} \times \mathfrak{C} \longrightarrow \mathfrak{C}$

$f \longleftarrow\!\shortmid (f,g) \longmapsto g$ ein Produktdiagramm in der Kategorie „aller" Kategorien und der kovarianten Funktoren.

<u>5.4</u> $(g_1,g_2) <_Z (f_1,f_2)$ (bzw. $<_Q$, $\subset_Z$, $\subset_Q$) in $\mathfrak{K} \times \mathfrak{K}$ ist äquivalent mit $g_1 <_Z f_1$ und $g_2 <_Z f_2$ (bzw. $<_Q$, $\subset_Z$, $\subset_Q$). Daher gilt (4.5.6)

<u>Satz 5.4.1.</u> $g_1 < f_1$ und $g_2 < f_2 \Rightarrow g_1 \times g_2 < f_1 \times f_2$ ($<_Z$ bzw. $<_Q$).

<u>Corollar 5.4.2.</u> Sind f_1, f_2 Retraktionen, Schnitte, Äquivalenzen, so ist $f_1 \times f_2$ Retraktion, Schnitt, Äquivalenz.

Wir zeigen

<u>Satz 5.4.3.</u> $g_1 \subset_Q f_1$ und $g_2 \subset_Q f_2 \Rightarrow g_1 \times g_2 \subset_Q f_1 \times f_2$.

<u>Corollar 5.4.4.</u> Sind f_1, f_2 monomorph, so ist $f_1 \times f_2$ monomorph.

Beweis: $g_1 = 1$, $g_2 = 1$, 4.2.5.3.

Beweis des Satzes: Sei (Diagramm) $g_1 \subset_Q f_1$, $g_2 \subset_Q f_2$ und

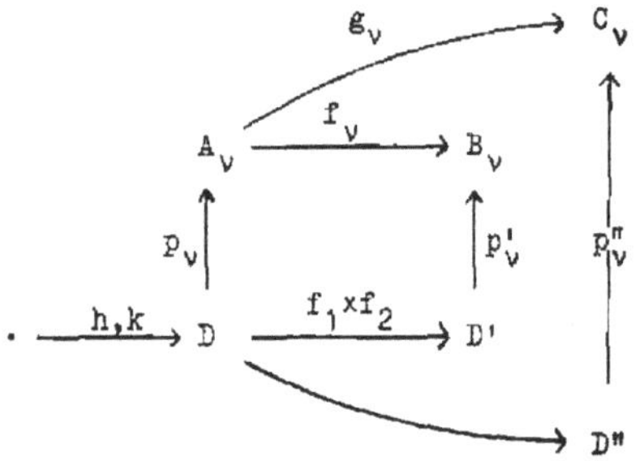

$(\nu = 1,2)$

$(f_1 \times f_2)h = (f_1 \times f_2)k$. Dann ist $f_\nu p_\nu h = p'_\nu(f_1 \times f_2)h = p'_\nu(f_1 \times f_2)k = f_\nu p_\nu k$, daher $g_\nu p_\nu h = g_\nu p_\nu k$ und $(g_1 \times g_2)h = [g_1p_1h, g_2p_2h] = [g_1p_1k, g_2p_2k] = (g_1 \times g_2)k$.

$\subset_Z$ überträgt sich nicht, wie aus dem Beispiel Eckmann-Hilton [10; § 7] hervorgeht, wo eine Kategorie konstruiert wird, die ein epimorphes h enthält, für das $h \times 1$ nicht epimorph ist.

Das Produkt von Identifizierungen ist im allgemeinen keine Identifizierung. Beispiel in Top: $p : \mathbb{R} \longrightarrow X$ identifiziere $\mathbb{Z}$ zu einem Punkt. Für die rationalen Zahlen Q ist $p \times 1 : \mathbb{R} \times Q \longrightarrow X \times Q$ keine Identifizierung. Durch zusätzliche Forderungen an die Abbildungen oder die auftretenden Räume läßt sich eine Identifizierung erreichen: Whitehead [37; Lemma 4 p. 1131], Bourbaki [5; § 9 No.8 Prop. 9] (als Berichtigung von Bourbaki [4; Prop. 9.3]).

Wir beweisen jedoch:

<u>Satz 5.4.5.</u> Sind f_1, f_2 Einbettungen, so ist $f_1 \times f_2$ eine Einbettung.

Beweis: $f_1 \times f_2$ ist monomorph nach 5.4.4. Wir folgern $g <_Z f_1 \times f_2$ aus $g \subset_Z f_1 \times f_2$: Sei $g \subset_Z f_1 \times f_2$. Wir zeigen zunächst $p'_\nu g \subset_Z f_\nu$ (Diagramm!).

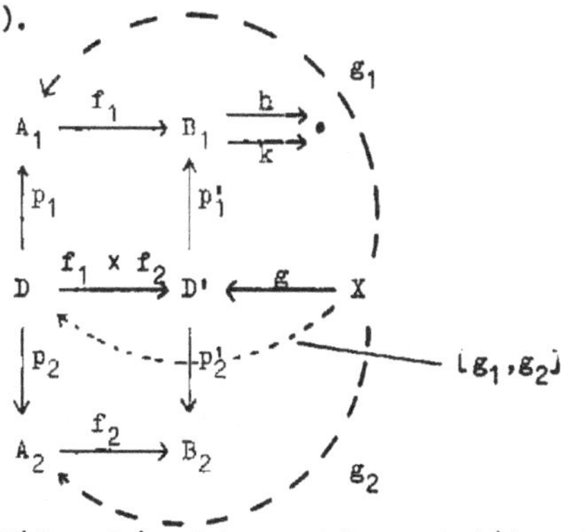

Ist $hf_1 = kf_1$, so $hp'_1(f_1 \times f_2) = hf_1p_1 = kf_1p_1 = kp'_1(f_1 \times f_2)$ und daher $hp'_1g = kp'_1g$. Genauso folgt $p'_2g \subset_Z f_2$. Da f_1, f_2 Einbettungen sind, ist $p'_1g <_Z f_1$ und $p'_2g <_Z f_2$. Man hat Abbildungen (Diagramm) g_1, g_2 mit $f_\nu g_\nu = p'_\nu g$. Für $[g_1, g_2] : X \longrightarrow D$ rechnet man nach $p'_\nu(f_1 \times f_2)[g_1, g_2] = f_\nu p_\nu[g_1, g_2] = f_\nu g_\nu = p'_\nu g$. Daher ist $(f_1 \times f_2)[g_1, g_2] = g$, also $g <_Z f_1 \times f_2$.

<u>5.5</u> Man kann darüber streiten, ob Produkte kommutativ sind oder sein sollten. Nach unserer Einführung sind sie es nicht. Es ist jedoch plausibel, daß $A_1 \times A_2$ und $A_2 \times A_1$ (natürlich) äquivalent sind. Bei Mengen definiert man $A_1 \times A_2 \xrightarrow{t} A_2 \times A_1$, durch $t(a,b) := (b,a)$ und erhält eine natürliche Transformation des Funktors $(A_1,A_2) \longmapsto A_1 \times A_2$ in den Funktor $(A_1,A_2) \longmapsto A_2 \times A_1$, die eine Äquivalenz ist. Betrachtet man das Diagramm

$$\begin{array}{ccc} \mathfrak{C}(?,A_1 \times A_2) & \xrightarrow{\mu} & \mathfrak{C}(?,A_1) \times \mathfrak{C}(?,A_2) \\ & & \big\downarrow t \\ \mathfrak{C}(?,A_2 \times A_1) & \xrightarrow{\mu'} & \mathfrak{C}(?,A_2) \times \mathfrak{C}(?,A_1), \end{array}$$

so folgt aus der Bemerkung über Me, daß t eine Äquivalenz ist.

$A_1 \times A_2$ und $A_2 \times A_1$ repräsentieren beide $\mathfrak{C}(?,A_1) \times \mathfrak{C}(?,A_2)$ (oder beide $\mathfrak{C}(?,A_2) \times \mathfrak{C}(?,A_1)$) und sind daher natürlich äquivalent. Eine Äquivalenz findet man als „$\mu'^{-1} t \mu \, 1_{A_1 \times A_2}$" = „$\mu'^{-1} t(p_1, p_2)$" = $[p_2, p_1] =: \theta_{A_1, A_2}$ (3.5.6). θ heißt Vertauschung und ist Transformation des Funktors $(A_1, A_2) \longmapsto A_1 \times A_2$ in $(A_1, A_2) \longmapsto A_2 \times A_1$. Selbst für $A_1 = A_2 =: A$ wird $\theta_{A,A}$ im allgemeinen von $1_{A \times A}$ verschieden sein, wie man in Me sieht.

<u>5.6</u> $\times$ ist assoziativ, d.h. die Funktoren $? \times (? \times ?)$ und $(? \times ?) \times ?$ von $\mathfrak{C} \times \mathfrak{C} \times \mathfrak{C} \longrightarrow$ Me sind äquivalent. Allgemeiner: Ist $(A_j \mid j \in J)$ eine Familie von Objekten von $\mathfrak{C}$, so heißt eine Familie $(D \xrightarrow{p_j} A_j \mid j \in J)$ Produktdiagramm oder „Darstellung von D als Produkt der A_j", wenn für jedes X die durch $f \longmapsto (p_j f \mid J)$ definierte Abbildung $\mathfrak{C}(X,D) \longrightarrow \times(\mathfrak{C}(X,A_j) \mid J)$ bijektiv ist, also wenn D mit Hilfe der p_j den Funktor $\times(\mathfrak{C}(?,A_j) \mid J) : \mathfrak{C} \longrightarrow$ Me repräsentiert.

Zur Assoziativität gilt

<u>Satz 5.6.1.</u> Ist $J = J_1 \cup J_2$ mit $J_1 \cap J_2 = \emptyset$ und sind $(D_1 \xrightarrow{p_j} A_j \mid J_1)$, $(D_2 \xrightarrow{p_j} A_j \mid J_2)$ und $D_1 \xleftarrow{q_1} D \xrightarrow{q_2} D_2$ Produktdiagramme, so ist $(D \xrightarrow{p_j q_\nu} A_j \mid (\nu, j) \in 1 \times J_1 \cup 2 \times J_2)$ Produktdiagramm.

Beweis: Man betrachte

$$\mathfrak{C}(X,D) \longrightarrow \mathfrak{C}(X,D_1) \times \mathfrak{C}(X,D_2) \longrightarrow \mathop{\times}_{J_1} \mathfrak{C}(X,A_j) \times \mathop{\times}_{J_2} \mathfrak{C}(X,A_j) \longrightarrow \mathop{\times}_{J} \mathfrak{C}(X,A_j)$$

$$f \longmapsto (q_1 f, q_2 f) \longmapsto ((p_j q_1 f \mid J_1), (p_j q_2 f \mid J_2)) \longmapsto (p_j q_\nu f \mid (\nu, j) \in 1 \times J_1 \cup 2 \times J_2).$$

Allgemeiner kann man genauso vorgehen für jede Zerlegung $J = \bigcup_{k \in K} J_k$ mit $J_k \cap J_{k'} = \emptyset$ für $k \neq k'$.

<u>5.7</u> Beispiele: 1. Top: $\times$ ist das kartesische Produkt und existiert in Top für jede Familie von topologischen Räumen, wenn die Indexmenge der Familie Element des Universums ist, über dem Top gebildet ist. 2. Mo, Gr, Ab, RMod: Man bildet das Produkt der Träger (in Me) und definiert die algebraische Struktur komponentenweise. Das Produkt existiert für jede Familie (mit der Einschränkung von 5.7.1). Bei Beschränkung auf z.B. die Kategorie der endlichen abelschen Gruppen existiert das Produkt i.a. nur für endliche Familien.

5.8 Man dualisiere: $A_1 \xrightarrow{p_1} D \xleftarrow{p_2} A_2$ heißt Coproduktdiagramm, wenn suggestiv

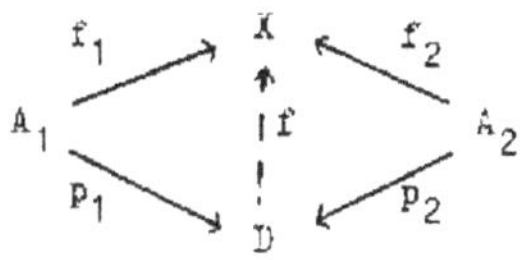

mit eindeutigem f gilt.

Statt p_1,p_2,D schreiben wir meist i_1,i_2,F (D von direkt, F von frei (siehe Beispiel 5.8.7.6)). F repräsentiert den Funktor $\mathfrak{C}(A_1,?) \times \mathfrak{C}(A_2,?) : \mathfrak{C} \longrightarrow Me$ mittels der Äquivalenz $(?i_1,?i_2)$, wenn wir i für p schreiben. Zur Umkehrung bezeichnen wir $< f_1,f_2 >_P =: < f_1,f_2 >$, wenn P das in Rede stehende Coproduktdiagramm ist. $< f_1,f_2 >$ ist dual zu $[f_1,f_2]$ (siehe Diagramm).

Satz 5.8.1. $\mathfrak{C}(A_2,A_1) \neq \emptyset \Leftrightarrow i_1$ ist Schnitt.

Corollar 5.8.2. $\mathfrak{C}(A_2,A_1) \neq \emptyset \Rightarrow i_1$ ist monomorph.

Daß i_1 im allgemeinen nicht monomorph zu sein braucht, überlege man an der durch das Diagramm

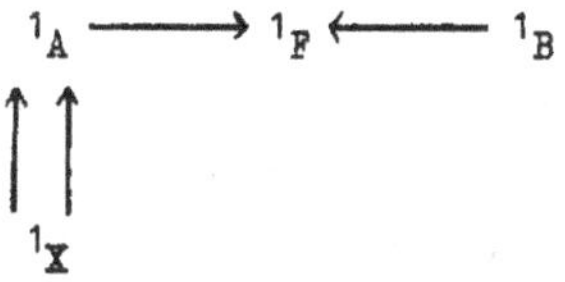

illustrierten trivialen Kategorie.

Dual zu $(f_1 \times f_2)_{P'P}$ sei $(f_1 * f_2)_{PP'}$ mit $(f_1 * f_2)_{PP'} = < i_1f_1,\ i_2f_2 >_{P'}$.

Man hat die Rechenregeln

5.8.3.1. $h < g_1,g_2 >_P = < hg_1,hg_2 >_P$

2. $< g_1,g_2 >_P (f_1 * f_2)_{PP'} = < g_1f_1,\ g_2f_2 >_{P'}$

3. $(f_1 * f_2)_{PP'} (g_1 * g_2)_{P'P''} = (f_1g_1 * f_2g_2)_{PP''}$

4. $(1 * 1)_P = 1$

5.8.4 Eine Kategorie $\mathfrak{C}$ mit

(CoP) Zu jedem Paar (A_1,A_2) von Objekten von $\mathfrak{C}$ gibt es (mindestens) ein Coproduktdiagramm.

heißt Kategorie mit Coprodukten.

In einer Kategorie $\mathfrak{C}$ mit Coprodukten ist $*$ nach Auswahl ein Funktor $\mathfrak{C} \times \mathfrak{C} \longrightarrow \mathfrak{C}$.
$*$ ist kovariant (!), da Dualisierung von $\mathfrak{C}$ auch $\mathfrak{C} \times \mathfrak{C}$ dualisiert.

<u>Satz 5.8.5.</u> $g_1 < f_1$ und $g_2 < f_2 \Rightarrow g_1 * g_2 < f_1 * f_2$ (Q oder Z)

6. $g_1 \subset_Z f_1$ und $g_2 \subset_Z f_2 \Rightarrow g_1 * g_2 \subset_Z f_1 * f_2$.

Das entsprechende für $\subset_Q$ gilt nicht.

Paare von Schnitten, Retraktionen, Äquivalenzen, Epimorphismen, Identifizierungen gehen in Schnitte etc. über (Für Identifizierungen folgt das nicht aus 5.8.5,6 sondern aus 5.4.5).

Sind f_1, f_2 monomorph (Einbettungen), so gilt im allgemeinen nicht dasselbe für $f_1 * f_2$.

Kommutativität, Assoziativität und Verallgemeinerung auf beliebige Familien sind nach 5.5, 5.6 klar.

<u>5.8.7.</u> Beispiele: 1. In Me ist $X * Y$ äquivalent zu $X \times 0 \cup Y \times 1$; für die X, Y mit $X \cap Y = \emptyset$ kann man $X * Y$ als $X \cup Y$ wählen. 2. In PuMe ist $X * Y$ Vereinigung mit identifiziertem Grundpunkt, äquivalent zu $X \times p_Y \cup p_X \times Y$ (Teilmenge von $X \times Y$), wenn p_X, p_Y die Grundpunkte von X, Y bezeichnen. 3. In Top ist $X * Y$ die topologische Summe. 4. In PuTop wird der Träger von $X * Y$ wie in PuMe gebildet. Die Topologie wird z.B. dadurch beschrieben, daß
$X * Y = X \times p_Y \cup p_X \times Y \subset X \times Y$ eine Einbettung sein soll.
$*$ in PuTop heißt „wedge" und wird oft mit „$\vee$" bezeichnet.
5. In Ab, AbMo, RMod stimmt $*$ mit $\times$ überein.
6. In Gr ist $*$ das freie Produkt. $A * B$ besteht aus den Ausdrücken der Form $a_1b_1 \ldots\ldots a_nb_n$, die durch Hintereinanderschreiben multipliziert werden, mit der Vereinbarung, daß Einheiten weggelassen und aufeinandertreffende Elemente von A bzw. B mit der Multiplikation von A bzw. B zusammengefaßt werden sollen [14]).

<u>5.9</u> Ist $(D \xrightarrow{p_\nu} B_\nu \mid N)$ Produktdiagramm und $(A_\mu \xrightarrow{i_\mu} F \mid M)$ Coproduktdiagramm, so ist

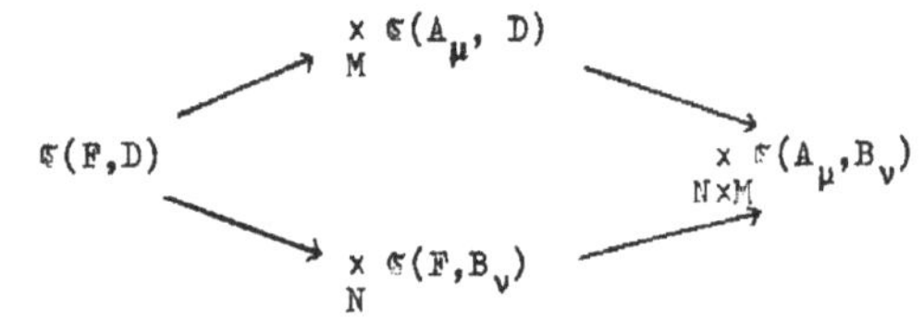

mit

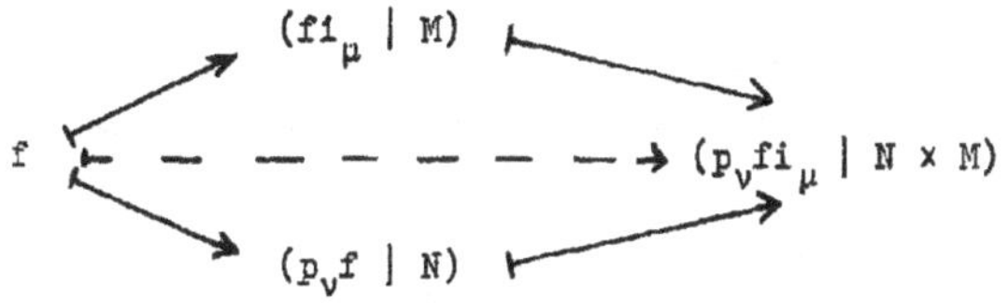

kommutativ und alle Abbildungen sind bijektiv, $(p_\nu fi_\mu \mid N \times M)$ oder $(f_{\nu\mu} \mid N \times M)$ mit $f_{\nu\mu} := p_\nu fi_\mu : A_\mu \longrightarrow B_\nu$ ist die zu den gegebenen Produkt- bzw. Coproduktdarstellungen von D bzw. F gehörige Matrix von f. Die Zuordnung $f \longmapsto (f_{\nu\mu} \mid ..)$ ist wie bemerkt bijektiv. Ist $M = \{1,\ldots,m\}$, $N = \{1,\ldots,n\}$, so schreibt man meist

$$(p_\nu fi_\mu \mid N \times M) = \begin{pmatrix} p_1fi_1 & \cdots\cdots & p_1fi_m \\ \vdots & & \vdots \\ p_nfi_1 & \cdots\cdots & p_nfi_m \end{pmatrix} = \begin{pmatrix} f_{11} & \cdots\cdots & f_{1m} \\ \vdots & & \vdots \\ f_{n1} & \cdots\cdots & f_{nm} \end{pmatrix}.$$

Die Zeilen entsprechen $\langle \ldots \rangle$, die Spalten entsprechen $[\ \ldots\ ]$.
Man überlege, daß bei endlich dimensionalen Vektorräumen jede Basiswahl in F, D Anlaß zu einer Coprodukt- bzw. Produktzerlegung gibt und daß die bekannten Matrizen der linearen Algebra Beispiele für den hier eingeführten allgemeinen Fall sind.
Die Matrizenmultiplikation ist hier sinnlos. Wir behandeln sie in 8.3. Man rechne jetzt nur nach, daß

(5.9.1)
$$\begin{pmatrix} f_{11} & \cdots\cdots & f_{1m} \\ \vdots & & \vdots \\ f_{n1} & \cdots\cdots & f_{nm} \end{pmatrix} (g_1 * \ldots * g_m) = \begin{pmatrix} f_{11}g_1 & \cdots\cdots & f_{1m}g_m \\ \vdots & & \vdots \\ f_{n1}g_1 & & f_{nm}g_m \end{pmatrix}$$

und dual mit Bezeichnungsänderung $(g \longrightarrow h,\ m \longleftrightarrow n)$

(5.9.2)
$$(h_1 \times \ldots \times h_n) \begin{pmatrix} f_{11} & \cdots\cdots & f_{1m} \\ \vdots & & \vdots \\ f_{n1} & \cdots\cdots & f_{nm} \end{pmatrix} = \begin{pmatrix} h_1f_{11} & \cdots\cdots & h_1f_{1m} \\ \vdots & & \vdots \\ h_nf_{n1} & \cdots\cdots & h_nf_{nm} \end{pmatrix}$$

ist.

(Dual zu $(p_\nu f i_\mu \mid N \times M)$ ist $(i_\mu f p_\nu \mid M \times N)$ (!), was bei dem endlichen Schema für f Transponieren (Vertauschen der Indizes, Spiegeln an der „Hauptdiagonalen") bedeutet.)

<u>5.10.</u> $[1_A, 1_A] = \begin{pmatrix} 1_A \\ 1_A \end{pmatrix} =: d_A : A \longrightarrow A \times A$ heißt Diagonale von A,

$< 1_A, 1_A > = (1_A\ 1_A) =: d^A : A * A \longrightarrow A$ heißt Codiagonale von A.

<u>5.11</u> Ist M eine Menge und V ein Vektorraum, so definiert man für Abbildungen $f, g : M \longrightarrow V$ (in den Träger von V) die Summe $f + g$ durch $(f + g)m := (fm) + (gm)$. Die Menge aller Abbildungen $M \longrightarrow V$ zusammen mit „+" ist ein Vektorraum:

$\mathfrak{C}$, $\mathfrak{D}$ seien Kategorien,

<u>Lemma 5.11.1.</u> Hat $\mathfrak{D}$ Produkte, so hat $\mathrm{Nat}_v(\mathfrak{C},\mathfrak{D})$ Produkte für jede mögliche Varianz v.

<u>Lemma 5.11.2.</u> Hat $\mathfrak{D}$ Coprodukte, so hat $\mathrm{Nat}_v(\mathfrak{C},\mathfrak{D})$ Coprodukte für jede mögliche Varianz v.

Beweis: $\mathfrak{D}$ habe Produkte und $S, T : \mathfrak{C} \longrightarrow \mathfrak{D}$ seien kontravariant (5.11.1).
Für $f \in \mathfrak{C}$ sei $(S \times T)f := Sf \times Tf$. $S \times T$ ist ein kontravarianter Funktor $\mathfrak{C} \longrightarrow \mathfrak{D}$:
Es ist $(S \times T)1 = S1 \times T1 = 1$ und $(S \times T)(gf) = S(gf) \times T(gf) = ((Sf)(Sg)) \times ((Tf)(Tg)) = (Sf \times Tf)(Sg \times Tg) = ((S \times T)f)((S \times T)g)$, da $\times : \mathfrak{D} \times \mathfrak{D} \longrightarrow \mathfrak{D}$ ein Funktor ist. $S \times T$ ist Produkt von S und T in $\mathrm{Nat}_{\mathrm{kontra}}(\mathfrak{C},\mathfrak{D})$;
$p_S : S \times T \longrightarrow S$ wird durch $p_S X := p_{SX} : SX \times TX \longrightarrow SX$ definiert, p_T entsprechend.
Die Natürlichkeit von p_S, p_T folgt aus der Kommutativität von

$$\begin{array}{ccccc} SY & \xleftarrow{p_{SY}} & SY \times TY & \xrightarrow{p_{TY}} & TY \\ \downarrow{\scriptstyle Sf} & & \downarrow{\scriptstyle Sf \times Tf} & & \downarrow{\scriptstyle Tf} \\ SX & \xleftarrow[p_{SX}]{} & SX \times TX & \xrightarrow[p_{TX}]{} & TX \end{array}$$

für jedes $f : X \longrightarrow Y$.
Sind $s : U \longrightarrow S$, $t : U \longrightarrow T$ Funktortransformationen (Morphismen von $\mathrm{Nat}_{\mathrm{kontra}}(\mathfrak{C},\mathfrak{D})$), so wird $[s, t] : U \longrightarrow S \times T$ durch $[s, t]X := [sX, tX]$ definiert, wobei für $f : X \longrightarrow Y$ $((S \times T)f)([s, t]Y) = (Sf \times Tf)[sY, tY] = [(Sf)(sY), (Tf)(tY)] = [(sX)(Uf), (tX)(Uf)] = ([s,t]X)(Uf)$ ist, also $[s, t]$ eine Funktortransformation ist.

Außerdem ist $p_S[s, t] = s$, $p_T[s, t] = t$. Gilt für $v : U \longrightarrow S \times T$ $p_S v = s$, $p_T v = t$, so ist $v = [s, t]$, da für jedes $X \in |\mathfrak{C}|$ $vX = [sX, tX]$ sein muß.

Die anderen Fälle und 5.11.2 erhält man durch Dualisierungen. Mit $F \times G$ würde man auch das Produkt von F und G in Fun bezeichnen. Dann ist $F \times G$ ein Funktor $\mathfrak{C} \times \mathfrak{C} \longrightarrow \mathfrak{D} \times \mathfrak{D}$. Man beachte die Abhängigkeit des Produktes von der Kategorie.

6. Nullmorphismen

In Ab bezeichnet man als $0 : A \longrightarrow B$ den Morphismus, der „ganz A auf die Einheit von B (0 bei additiver Schreibweise) abbildet". Jedes Ab(A,B) enthält einen solchen Morphismus 0_{BA}. Die Familie $(0_{BA} \mid A, B \in |Ab|)$ zieht bei Komposition von links oder rechts jeden Morphismus an sich.

$\mathfrak{C}$ sei eine Kategorie.

6.1 Eine Familie $(0_{BA} \mid A, B \in |\mathfrak{C}|)$ mit $0_{BA} \in \mathfrak{C}(A,B)$ heißt Nullfamilie, wenn für alle A, B, C gilt

(N1) $0_{CB}f = 0_{CA}$ für jedes $f \in \mathfrak{C}(A,B)$ und

(N2) $f0_{BC} = 0_{AC}$ für jedes $f \in \mathfrak{C}(B,A)$.

Man läßt die Indizes der 0.. fort und schreibt suggestiver

(N1 und N2) $\bigwedge_f f0 = 0 = 0f$.

Die $0_{BA} =: 0$ einer Nullfamilie heißen Nullmorphismen. Die Aussagen „$(0_{BA} \mid A, B \in |\mathfrak{C}|)$ ist Nullfamilie" und „f ist Nullmorphismus" sind selbstdual.

Existiert eine Nullfamilie in $\mathfrak{C}$, so heißt $\mathfrak{C}$ eine „Kategorie mit Nullmorphismen".

6.1.1 Beispiele: Mo hat keine Nullfamilie (wohl MoE, Monoide mit Einheit); Gr, Ab, RMod haben Nullfamilien. Me hat keine Nullfamilie, da für $A \neq \emptyset$ stets $Me(A,\emptyset) = \emptyset$ ist. Auch die volle Teilkategorie der nichtleeren Mengen hat keine Nullfamilie: $\{\emptyset\} \longrightarrow \{\emptyset\} \rightrightarrows \{\emptyset,\{\emptyset\}\}$, der einzige Morphismus $\{\emptyset\} \longrightarrow \{\emptyset\}$ müßte die beiden Morphismen $\{\emptyset\} \longrightarrow \{\emptyset,\{\emptyset\}\}$ egalisieren. In PuMe bilden die über einelementige Mengen zerlegbaren Morphismen eine Nullfamilie, ebenso in PuTop, die über einpunktige Räume zerlegbaren (kollabierende Abbildungen).

Satz 6.1.2. Sind $(0_{BA} \mid A, B \in |\mathfrak{C}|)$ und $(0'_{BA} \mid A, B \in |\mathfrak{C}|)$ Nullfamilien, in $\mathfrak{C}$, so sind sie gleich.

Beweis: $0'_{BA} = 0'_{BA}0_{AA} = 0_{BA}$.

6.2 $N \in |\mathfrak{C}|$ heißt Nullobjekt, wenn $\mathfrak{C}(N,A)$ und $\mathfrak{C}(A,N)$ für jedes $A \in |\mathfrak{C}|$ aus genau einem Element bestehen. Nullobjekte sind selbstdual.

Man bezeichne $0_{AN} \in \mathfrak{C}(N,A)$ und $0_{NA} \in \mathfrak{C}(A,N)$.

0_{NA} ist dual zu 0_{AN}.

Satz 6.2.1. Ist N Nullobjekt, so ist $(0_{BN}0_{NA} =: 0_{BA} \mid A, B \in |\mathfrak{C}|)$ Nullfamilie.

Beweis: Sei $f : A \longrightarrow B$. Dann ist in

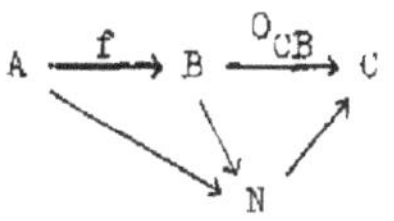

$0_{CB}f = 0_{CN}0_{NB}f = 0_{CN}0_{NA} = 0_{CA}$, da $0_{NB}f \in \mathfrak{C}(A,N)$ ist und $\mathfrak{C}(A,N)$ nur ein Element 0_{NA} enthält. Der Rest ist dual.

Satz 6.2.2. Ist $(0_{BA} \mid A, B \in |\mathfrak{C}|)$ Nullfamilie, so ist N Nullobjekt, genau wenn $1_N = 0_{NN}$ ist.

$\Rightarrow$ ist trivial, $\Leftarrow$: Für $f : N \longrightarrow A$ ist $f = f1_N = f0_{NN} = 0_{AN}$, $\mathfrak{C}(N,A)$ hat also nur ein Element und dual.

Eine Kategorie mit Nullmorphismen braucht kein Nullobjekt zu haben (PuMe ohne einelementige Mengen). Andererseits kann eine Kategorie mehrere Nullobjekte haben.

Satz 6.2.3. Sind N, N' Nullobjekte von $\mathfrak{C}$, so sind sie äquivalent.

Beweis: $\mathfrak{C}(N,N')$, $\mathfrak{C}(N',N)$, $\mathfrak{C}(N,N)$, $\mathfrak{C}(N',N')$ haben je genau ein Element.

Hat $\mathfrak{C}$ Nullmorphismen, aber kein Nullobjekt, so kann man $\mathfrak{C}$ durch Hinzunahme eines Objektes $N \notin |\mathfrak{C}|$ und von je einem Morphismus $A \longrightarrow N$, $N \longrightarrow A$, $N \longrightarrow N$ für die $A \in |\mathfrak{C}|$ zu einer Kategorie mit Nullobjekt erweitern. Die Nullfamilie der erweiterten Kategorie ist die von $\mathfrak{C}$, ergänzt um die hinzugenommenen Morphismen.

6.2.4. Die selbstduale Definition des Nullobjekts läßt sich auseinandernehmen: E heißt Ende von $\mathfrak{C}$, wenn jedes $\mathfrak{C}(B,E)$ genau ein Element hat und Anfang von $\mathfrak{C}$, wenn jedes $\mathfrak{C}(E,B)$ genau ein Element hat. (Die Terminologie stammt von J.A.Zilber). In Me ist $\emptyset$ Anfang und jede einelementige Menge ein Ende. Anfang und Ende sind zueinander dual und N ist Nullobjekt, genau wenn es Anfang und Ende ist. Die Existenz genau eines Morphismus in $\mathfrak{C}(B,E)$ bzw. $\mathfrak{C}(E,B)$ für jedes B ist eine sogenannte universelle bzw. couniverselle Eigenschaft. Viele Konstruktionen beruhen auf solchen Eigenschaften und werden dadurch ebensogut wie durch repräsentierbare Funktoren beschrieben.

Wir geben nur ein Beispiel (Mac Lane [27; § 6 p 50]):
$\mathfrak{C}$ sei eine Kategorie. Zu festem A, B $\in |\mathfrak{C}|$ betrachte man die Kategorie $\mathfrak{D}$ mit Objekten $A \longleftarrow \cdot \longrightarrow B$ und als Morphismen den kommutativen Diagrammen

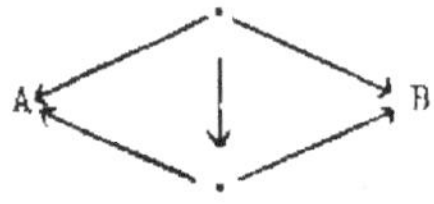

mit der kanonischen Komposition. $A \longleftarrow \cdot \longrightarrow B$ ist ein Produktdiagramm in $\mathfrak{C}$, genau wenn es ein Ende in $\mathfrak{D}$ ist.
Für den allgemeinen Zusammenhang zwischen darstellbaren Funktoren und Anfang bzw. Ende vergleiche man Mac Lane [27; Th. 7.1 p. 53].

6.3 $\mathfrak{C}$ habe Nullmorphismen, Produkte und Coprodukte. Für $A_1, A_2 \in |\mathfrak{C}|$ hat man

$$\rho(A_1,A_2) := \begin{pmatrix} 1_{A_1} & 0_{A_1A_2} \\ 0_{A_2A_1} & 1_{A_2} \end{pmatrix} : A_1 * A_2 \longrightarrow A_1 \times A_2 .$$

Satz 6.3.1. ρ ist eine natürliche Transformation $* \longrightarrow \times$.
Beweis: 5.9.1,2 in

$$\begin{array}{ccc} A_1 * A_2 & \xrightarrow{\ \rho\ } & A_1 \times A_2 \\ {\scriptstyle f_1 * f_2}\downarrow & & \downarrow{\scriptstyle f_1 \times f_2} \\ B_1 * B_2 & \xrightarrow[\ \rho\ ]{} & B_1 \times B_2 \end{array}$$

ergibt in beiden Fällen

$$\begin{pmatrix} f_1 & 0 \\ 0 & f_2 \end{pmatrix}$$

Ohne Nullmorphismen kann man ρ im allgemeinen nicht definieren, wie $A_1 = \emptyset$, $A_2 \neq \emptyset$ in Me zeigt.

6.3.2 Beispiele: 1. Moab (abelsche Monoide), Ab, RMod: ρ ist eine Äquivalenz. Dieser Punkt wird in § 8 besonders beleuchtet. 2. In PuMe ist $\rho: A \vee B \longrightarrow A \times B$ monomorph, Einbettung und Schnitt. 3. In Gr ist $\rho: A * B \longrightarrow A \times B$ epimorph: Es ist $\rho(a_1 b_1 \,\ldots\ldots\, a_n b_n) = (a_1 \,\ldots\ldots\, a_n, b_1 \,\ldots\ldots\, b_n)$. 4. In PuToph (Punktierte Homologieklasse) ist $\rho(S^1, S^1)$ weder monomorph noch epimorph: $S^1 \times S^1$ ist ein Torus, den man aus einem Quadrat

durch Identifizieren gegenüberliegender Seiten erhält (Zusammenkleben in der durch die Pfeile angedeuteten Richtung). Die Ecken fallen in einen Punkt 0. $(S^1 \times S^1, 0)$ ist Produkt in PuTop und Pu-Toph. $S^1 \vee S^1$ entsteht aus zwei 1-Sphären durch Identifizieren der Grundpunkte. Zweckmäßig ist es hier, $S^1 \vee S^1$ aus dem Quadratrand

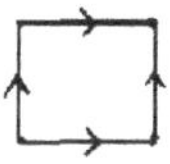

durch Identifizieren wie bei $S^1 \times S^1$ herzustellen. $(S^1 \vee S^1, 0)$ ist Coprodukt in PuTop und PuToph. Man betrachte

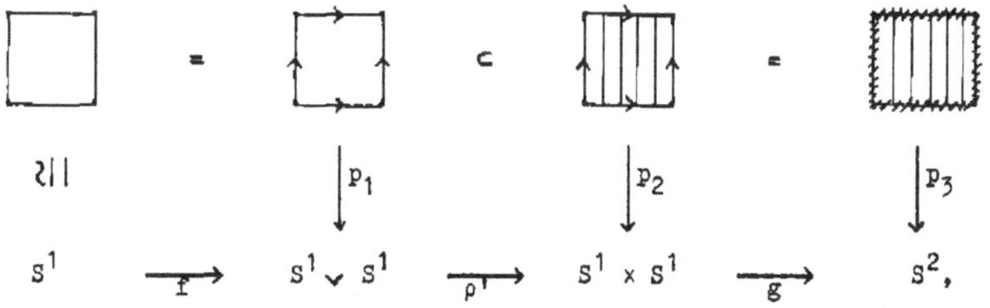

wo p_1, p_2 die beschriebenen Identifizierungen und p_3 Identifizierung des ganzen Quadratrandes in einen Punkt ist. Man überzeugt sich, daß durch die Forderung, daß das Diagramm kommutativ sei, eindeutig Abbildungen f, g, ρ' definiert sind.

[f], [g], ρ seien die zugehörigen punktierten Homotopieklassen. ρ ist das ρ von 6.3. ρ ist nicht monomorph, da $[f] \neq 0$ aber $\rho[f] = 0$ und nicht epimorph, da $[g] \neq 0$ aber $[g]\rho = 0$ ist.

7. Addition und Coaddition

(A,+) sei ein Monoid, also A eine Menge und + eine (assoziative) Abbildung $A \times A \longrightarrow A$. Wir schreiben a + b oder +(a,b) je nachdem, welche Bezeichnung zweckmäßiger ist. Bekanntlich erhält man für jede Menge X in Me(X,A) eine (assoziative) Addition +', wenn man $(f +' g)x := fx + gx$ definiert. Hat + eine Einheit, so auch +', ist (A,+) eine (abelsche) Gruppe, so auch (Me(X,A),+').

Für jedes $h : X \longrightarrow Y$ ist das Diagramm

$$\begin{array}{ccccc}
 & & \overset{+'}{\curvearrowright} & & \\
Me(Y,A) \times Me(Y,A) & = & Me(Y,A \times A) & \xrightarrow[+_*]{} & Me(Y,A) \\
\Big\downarrow{\scriptstyle h^* \times h^*} & & \Big\downarrow{\scriptstyle h^*} & & \Big\downarrow{\scriptstyle h^*} \\
Me(X,A) \times Me(X,A) & = & Me(X,A \times A) & \xrightarrow[+_*]{} & Me(X,A) \\
 & & \underset{+'}{\curvearrowright} & &
\end{array}$$

kommutativ.

Es interessieren zwei Aspekte des Diagramms:

1. $+' : Me(?,A) \times Me(?,A) \longrightarrow Me(?,A)$ ist eine natürliche Transformation von Funktoren. Das Produkt der Funktoren ist dabei in $Nat_{kontra}(\mathfrak{C},Me)$ zu nehmen (5.11),
2. Jedes (Me(?,A),+') ist ein Monoid und h* respektiert die Addition („ist" ein Homomorphismus).

Hat eine Kategorie $\mathfrak{C}$ keine Produkte, so wird man versuchen, Additionen $A \times A \longrightarrow A$ durch natürliche Transformationen $\mathfrak{C}(?,A) \times \mathfrak{C}(?,A) \longrightarrow \mathfrak{C}(?,A)$ zu ersetzen.

$\mathfrak{C}$ sei eine Kategorie mit Produkten:

7.1 Für $A \in |\mathfrak{C}|$ heißt ein Morphismus $a : A \times A \longrightarrow A$ eine Addition in A, (A,a) heißt additives Objekt über $\mathfrak{C}$, A heißt Träger von (A,a). Ist A eine Menge, so schreibt man oft + für a und x + y für +(x,y).

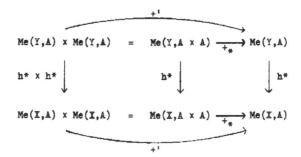

(A,a) und (B,b) seien additive Objekte über $\mathfrak{C}$. $f : A \longrightarrow B$ heißt (a,b)-primitiv, wenn

(Diagramm 7.1.1)
$$\begin{array}{ccc} A \times A & \xrightarrow{\ a\ } & A \\ {\scriptstyle f \times f}\big\downarrow & & \big\downarrow{\scriptstyle f} \\ B \times B & \xrightarrow{\ b\ } & B \end{array}$$

kommutativ ist.

Ein Homomorphismus $(A,a) \longrightarrow (B,b)$ ist ein Tripel $((A,a),\ (B,b),\ f)$ mit (a,b)-primitivem $f : A \longrightarrow B$. Sind A, B Mengen, so findet man in dieser Definition die übliche $f(x + y) = fx + fy$ wieder.

Trivial ist:

Lemma 7.1.2. Einheiten sind (a,a)-primitiv,

3. Ist f (a,b)-primitiv und g (b,c)-primitiv, so ist gf (a,c)-primitiv.

Mit den additiven Objekten über $\mathfrak{C}$ als Objekten, ihren Homomorphismen als Morphismen und der kanonischen Komposition

$((B,B),\ (C,c),\ g)\cdot((A,a),\ (B,b),\ f) \longmapsto ((A,a),\ (C,c),\ gf)$ erhält man eine Kategorie $\mathfrak{C}_+$. $((A,a),\ (B,b),\ f) \longmapsto f$ definiert einen vergeßlichen Funktor $\mathfrak{C}_+ \longrightarrow \mathfrak{C}$. Hat $\mathfrak{C}$ Nullmorphismen, so sind diese offensichtlich primitiv und definieren eine Nullfamilie in $\mathfrak{C}_+$. Hat $\mathfrak{C}$ ein Nullobjekt N, so ist $(N, 0_{NN \times N})$ Nullobjekt in $\mathfrak{C}_+$.

7.2 $a : A \times A \longrightarrow A$ oder (A,a) heißt kommutativ, wenn

(Diagramm 7.2.1)
$$\begin{array}{ccc} A \times A & & \\ {\scriptstyle \theta_{A,A}}\big\downarrow & \searrow^{a} & \\ & & A \\ & \nearrow_{a} & \\ A \times A & & \end{array}$$

kommutativ ist mit der Vertauschung $\theta_{A,A}$ (5.5). Ist A Menge, so findet man $x + y = y + x$ wie üblich.

a : A x A $\longrightarrow$ A oder (A,a) heißt assoziativ, wenn

(Diagramm 7.2.2)

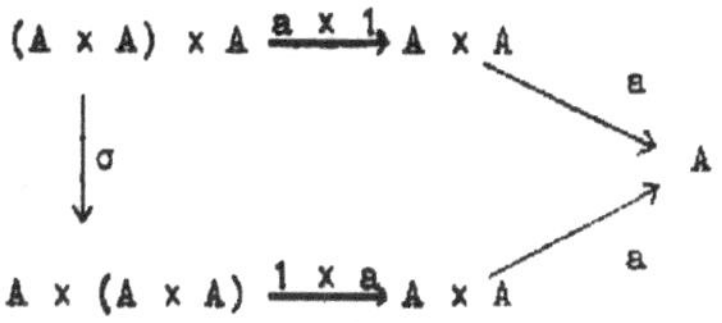

$$(A \times A) \times A \xrightarrow{a \times 1} A \times A$$
$$\downarrow \sigma \qquad\qquad \searrow^{a}$$
$$\qquad\qquad\qquad\qquad A$$
$$A \times (A \times A) \xrightarrow{1 \times a} A \times A \qquad \nearrow_{a}$$

kommutativ ist, wo σ mit Hilfe der kanonischen Transformation

$(\mathfrak{C}(?,A) \times \mathfrak{C}(?,A)) \times \mathfrak{C}(?,A) \longrightarrow \mathfrak{C}(?,A) \times (\mathfrak{C}(?,A) \times \mathfrak{C}(?,A))$ definiert wird (5.6).

Assoziativität bei Mengen ist $(x + y) + z = x + (y + z)$.

<u>7.3</u>   Ist $(G,+)$ eine Gruppe, so ist die eindeutig bestimmte Gruppeneinheit e

durch $e + x = x + e = x$ für jedes x charakterisiert. Statt e verwenden wir die

durch $x \longmapsto e$ definierte kollabierende Abbildung G $\longrightarrow$ G:

n : A $\longrightarrow$ A heißt kollabierend, wenn

(KOLL) nf = ng ist für alle $\cdot \underset{g}{\overset{f}{\longrightarrow}}$ A.

Ist (A,a) additives Objekt über $\mathfrak{C}$, so heißt ein kollabierendes n : A $\longrightarrow$ A

neutral für a oder (A,a), wenn

(N)

(Diagramm 7.3.1)

$$A \xrightarrow{[1,n]} A \times A$$
$$[n,1]\downarrow \quad \searrow^{1_A} \quad \downarrow a$$
$$A \times A \xrightarrow{a} A$$

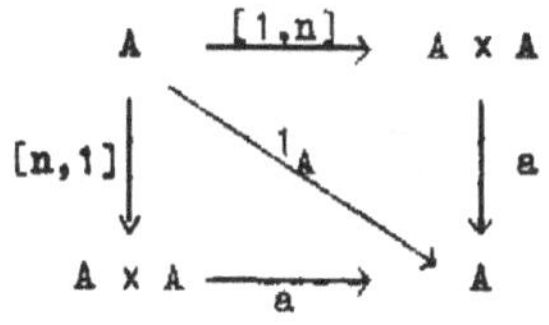

kommutativ ist.

Ist nur das rechte obere bzw. linke untere Dreieck in N kommutativ, so heißt n

rechts- bzw. linksneutral.

<u>Lemma 7.3.2.</u> Ist n linksneutral und n' rechtsneutral für a, so ist n = n'.

<u>Corollar 7.3.3.</u> Für jedes a : A x A $\longrightarrow$ A existiert höchstens ein neutraler

Morphismus.

Beweis: $nn' = n$ und $n'n = n'$, da n und n' kollabierend sind. Dann ist
$n' = a[n,1]n' = a[nn',n'] = a[n,n'] = a[n,n'n] = a[1,n']n = n$.
Ein anderer Beweis ergibt sich aus der Eindeutigkeit des Neutralen bei Gruppen mit 7.8.

Lemma 7.3.4. Hat $\mathfrak{C}$ Nullmorphismen, so ist $0_{AA} : A \longrightarrow A$ kollabierend und die einzige kollabierende Abbildung $A \longrightarrow A$.

Lemma 7.3.5. Hat $\mathfrak{C}$ Nullmorphismen und ist $n : A \longrightarrow A$ neutral für $a : A \times A \longrightarrow A$, so ist $n = 0_{AA}$.

Wir beschränken uns nicht auf $\mathfrak{C}$ mit Nullmorphismen, da wir a und n von A nach $\mathfrak{C}(?,A)$ und in die einzelnen $\mathfrak{C}(X,A)$ transportieren wollen.
$\mathrm{Nat}_{\mathrm{kontra}}(\mathfrak{C},\mathrm{Me})$ $(\ni \mathfrak{C}(?,A))$ braucht aber keine Nullmorphismen zu haben, selbst wenn $\mathfrak{C}$ Nullmorphismen hat. Außerdem sind wir an Me (d.h. den $\mathfrak{C}(X,A)$) interessiert.

7.3.6 Additive Objekte (A,a), die neutrale Morphismen zulassen, heißen H-Objekte über $\mathfrak{C}$, und a heißt H-Struktur in A. $n : A \longrightarrow A$ braucht wegen 7.3.3 nicht in die Daten der H-Struktur aufgenommen zu werden. Assoziative H-Objekte in Me oder PuMe heißen Monoide mit Neutralem [15]. H := Hopf; H. Hopf untersuchte zuerst die Homologie und Cohomologie von topologischen Gruppen. Die Methoden wurden später auf PuToph (Homotopieklassen) übertragen. Die (A,a) in PuToph mit Neutralem ($n = 0!$) heißen zu Ehren von Hopf H-Räume.
Ein Homomorphismus $((A,a), (B,b), f)$ von H-Objekten heißt H-Homomorphismus, wenn $fn = n'f$ ist für die neutralen n,n'. Man erwartet scheinbar schwächer Kommutativität von

(Diagramm 7.3.7)
$$\begin{array}{ccccc} A & \xrightarrow{[n,1]} & A \times A & \xleftarrow{[1,n]} & A \\ {\scriptstyle f}\downarrow & & \downarrow{\scriptstyle f \times f} & & \downarrow{\scriptstyle f} \\ B & \xrightarrow{[n',1]} & B \times B & \xleftarrow{[1,n']} & B \end{array} ,$$

aber daraus folgt bereits $fn = n'f$.

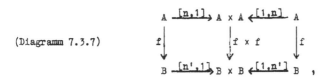

Die Kategorie $\mathfrak{C}_H$ der H-Objekte über $\mathfrak{C}$ und der H-Homomorphismen ist Teilkategorie von $\mathfrak{C}_+$. Im allgemeinen ist $|\mathfrak{C}_H| \neq |\mathfrak{C}_+|$ und $\mathfrak{C}_H$ nicht voll in $\mathfrak{C}_+$; Beispiele ($\mathfrak{C}$:= Me):

1. Die natürlichen Zahlen 1, 2, 3, ... ohne 0 bilden mit + ein Monoid ($\mathbb{N}'$,+) ohne Neutrales.

2. $\{\emptyset\}$ mit der kanonischen Addition ist Monoid mit Neutralen, $\mathbb{Z}_2$ mit der „Addition" = Multiplikation $0\cdot 0 = 0\cdot 1 = 1\cdot 0 = 0$ und $1\cdot 1 = 1$ ebenfalls. $\emptyset$ ist Neutrales von $\{\emptyset\}$, 1 von $\mathbb{Z}_2$. $\{\emptyset\} \longrightarrow \mathbb{Z}_2$ mit $\emptyset \longmapsto 0$ ist Homomorphismus, aber nicht H-Homomorphismus.

Dagegen gilt:

Satz 7.3.8. Hat $\mathfrak{C}$ Nullmorphismen, so ist $\mathfrak{C}_H$ voll in $\mathfrak{C}_+$.

Beweis: 7.3.5 und $f0_{AA} = 0_{BA} = 0_{BB}f$.

7.4 Die Existenz von H-Strukturen hängt mit dem Verhalten von $\rho : A * A \longrightarrow A \times A$ zusammen:

$\mathfrak{C}$ habe Produkte und Coprodukte.

Satz 7.4.1. Für $a : A \times A \longrightarrow A$ und $n : A \longrightarrow A$ gilt $a[n,1_A] = 1_A$ und $a[1_A,n] = 1_A$, genau wenn

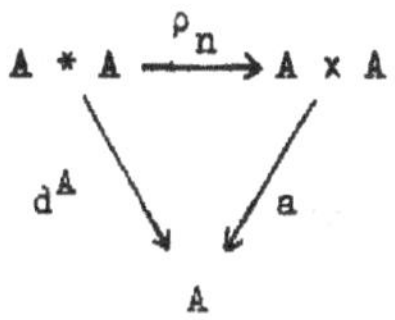

(Diagramm 7.4.2)

mit

$$\rho_n = \begin{pmatrix} 1_A & n \\ n & 1_A \end{pmatrix}$$

kommutativ ist.

d^A ist die Codiagonale $d^A = \langle 1,1 \rangle$ von 5.10.

Beweis: $A \xrightarrow{i_1} A * A \xleftarrow{i_2} A$ sei Coproduktdiagramm. Es ist $a\rho_n = d^A$, genau wenn $a\rho_n i_1 = d^A i_1$ und $a\rho_n i_2 = d^A i_2$ ist, also wegen $\rho_n i_1 = [1,n]$, $\rho_n i_2 = [n,1]$ (5.9.1) und $d^A i_1 = 1_A$, $d^A i_2 = 1_A$, genau wenn $a[1,n] = 1$ und $a[n,1] = 1$.

Corollar 7.4.3. Ist $n : A \longrightarrow A$ kollabierend, so ist ein additives Objekt (A,a) H-Objekt mit neutralem n, genau wenn 7.4.2 kommutativ ist.

Andererseits kann man fragen, ob $n : A \longrightarrow A$ als neutraler Morphismus einer H-Struktur auftreten kann. Offenbar läßt sich

$$\begin{array}{ccc} A * A & \xrightarrow{\rho_n} & A \times A \\ & \searrow^{d^A} & \\ & & A \end{array}$$

auf genau eine Weise zu kommutativen

$$\begin{array}{ccc} A * A & \xrightarrow{\rho_n} & A \times A \\ & {}_{d^A}\searrow \quad \swarrow_{a} & \\ & A & \end{array}$$

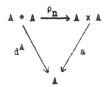

ergänzen, wenn ρ_n eine Äquivalenz ist ($a := d_A \rho_n^{-1}$). Mit 7.4.1 hat man:

Satz 7.4.4. Ist $n : A \longrightarrow A$ ein Morphismus und $\rho_n : A * A \longrightarrow A \times A$ eine Äquivalenz, so existiert genau ein $a : A \times A \longrightarrow A$ mit $a[n,1_A] = 1_A$ und $a[1_A,n] = 1_A$. Ist ρ keine Äquivalenz, aber epimorph, so existiert höchstens ein a.

Corollar 7.4.5. Ist $n : A \longrightarrow A$ kollabierend und ρ_n Äquivalenz, so existiert genau eine H-Struktur $a : A \times A \longrightarrow A$ mit neutralem n.

Corollar 7.4.6. Hat $\mathfrak{C}$ Nullmorphismen und ist ρ eine Äquivalenz, so existiert genau eine H-Struktur auf A. 0 ist neutral für diese H-Struktur.

ρ steht für $\rho = \begin{pmatrix} 1_A & 0_{AA} \\ 0_{AA} & 1_A \end{pmatrix}$ von 6.3.

7.5 Ist $(G,+)$ eine Gruppe, so existiert zu $x \in G$ genau ein $y (=: -x)$ mit $x + y = y + x = 0$. $x \longmapsto -x$ definiert eine Abbildung $G \longrightarrow G$ (Inversenbildung).

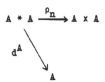

(A,a) sei H-Objekt mit neutralem n. i : A ⟶ A heißt eine Inversion zu a, wenn

(I) das Diagramm

(Diagramm 7.5.1)

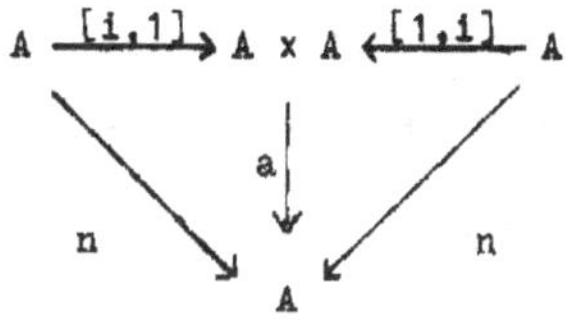

kommutativ ist.

i heißt Linksinversion bzw. Rechtsinversion, wenn das linke bzw. rechte Dreieck von 7.5.1 kommutativ ist. Dabei sei zugelassen, daß n einseitig neutral ist. Wir folgern später: Ist n linksneutral und i Linksinversion, so n neutral und i Inversion; ist n rechtsneutral und i Rechtsinversion, so n neutral und i Inversion (7.8.7).

Zu jedem assoziativen a : A × A ⟶ A gibt höchstens eine Inversion, wie man aus 7.3.3 und dem für eine Linksinversion i und Rechtsinversion i' kommutativen Diagramm

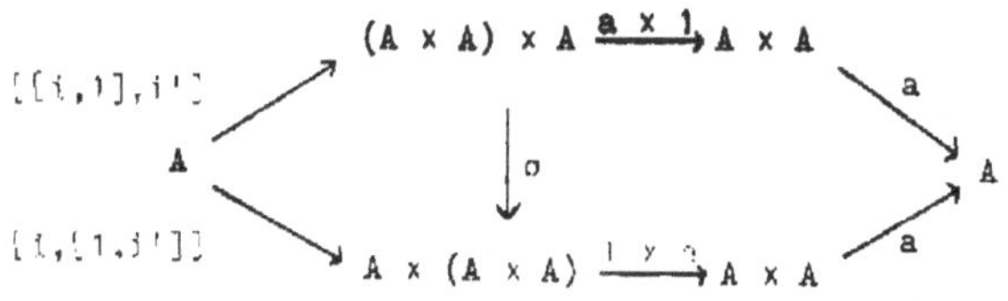

schließt, da der Weg oben herum a(a × 1) [[i,1],i'] = a[n,i'] = a[ni',i'] = a[n,1]i' = i' und unten a(1 × a) [i,[1,i']] = a[i,n] = a[i,ni] = a[1,n]i = i ist. Die Behauptung folgt auch aus 7.8.2, 7.8.3.

Wir zeigen später $i^2 = 1_A$ (7.8.7), so daß der Name Inversion gerechtfertigt erscheint.

Ein assoziatives H-Objekt, zu dem eine Inversion existiert, heißt ein Gruppenobjekt (G-Objekt) über 𝕮. Die Inversion wird wegen ihrer Eindeutigkeit nicht in die Daten aufgenommen.

Ein H-Homomorphismus ((A,a), (B,b), f) von G-Objekten mit fi = i'f für die Inversionen i : A ⟶ A, i' : B ⟶ B heißt G-Homomorphismus.

Wir beweisen später, daß jeder Homomorphismus von G-Objekten ein G-Homomorphismus ist (7.8.5). Die G-Objekte über $\mathfrak{C}$ und ihre Homomorphismen bilden eine Kategorie $\mathfrak{C}_G$. Die G-Objekte von Me oder PuMe sind die Gruppen, wobei eine Gruppe als G-Objekt über Me leer sein kann, was man meist ausschließt.

7.6 $a : A \times A \longrightarrow A$ sei Addition. Durch

$$\underbrace{\mathfrak{C}(?,A) \times \mathfrak{C}(?,A) \xrightarrow[\cong]{} \mathfrak{C}(?,A \times A) \xrightarrow{a_*} \mathfrak{C}(?,A)}_{+_a}$$

mit $(f,g) \longmapsto a_*[f,g] =: f +_a g =: f + g$ (genauer $+_a^X$) für $f,g : X \longrightarrow A$ definieren wir eine Addition $+_a$ in $\mathfrak{C}(?,A)$. Die Zusammensetzung $+_a$ der beiden Funktortransformationen ist eine Funktortransformation, also ist für jedes $h : X \longrightarrow Y$ das Diagramm

$$\text{(Diagr. 7.6.1)}\qquad \begin{array}{ccccc} \multicolumn{5}{c}{\overbrace{\hphantom{\mathfrak{C}(Y,A) \times \mathfrak{C}(Y,A) \longrightarrow \mathfrak{C}(Y,A \times A) \longrightarrow \mathfrak{C}(Y,A)}}^{+_a}} \\ \mathfrak{C}(Y,A) \times \mathfrak{C}(Y,A) & \longrightarrow & \mathfrak{C}(Y,A \times A) & \longrightarrow & \mathfrak{C}(Y,A) \\ {\scriptstyle h^* \times h^*}\big\downarrow & & \big\downarrow{\scriptstyle h^*} & & \big\downarrow{\scriptstyle h^*} \\ \mathfrak{C}(X,A) \times \mathfrak{C}(X,A) & \longrightarrow & \mathfrak{C}(X,A \times A) & \longrightarrow & \mathfrak{C}(X,A) \\ \multicolumn{5}{c}{\underbrace{\hphantom{\mathfrak{C}(X,A) \times \mathfrak{C}(X,A) \longrightarrow \mathfrak{C}(X,A \times A) \longrightarrow \mathfrak{C}(X,A)}}_{+_a}} \end{array}$$

kommutativ, was für $f,g : Y \longrightarrow A$ gerade $(f + g)h = fh + gh$ bedeutet. Das heißt aber, daß jedes h^* ein Homomorphismus $(\mathfrak{C}(Y,A),+_a) \longrightarrow (\mathfrak{C}(X,A),+_a)$ von additiven Objekten über Me ist. Eine Familie $(+^X \mid X \in |\mathfrak{C}|)$ von Additionen $+^X : \mathfrak{C}(X,A) \times \mathfrak{C}(X,A) \longrightarrow \mathfrak{C}(X,A)$ mit $(f + g)h = fh + gh$ für jedes $h : Y \longrightarrow X$, $f,g : X \longrightarrow Y$ (7.6.1) bezeichnen wir als eine an der kontravarianten Stelle natürliche Familie von Additionen in den $\mathfrak{C}(X,A)$. Diese Familien entsprechen genau den Transformationen $\mathfrak{C}(?,A) \times \mathfrak{C}(?,A) \longrightarrow \mathfrak{C}(?,A)$.

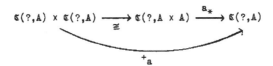

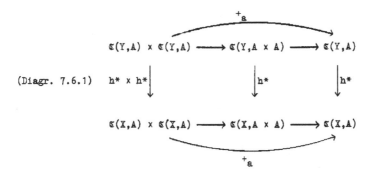

7.6.2 Ist a : A × A ⟶ kommutativ, so ist mit 7.2.1 auch

(Diagramm 7.6.3)

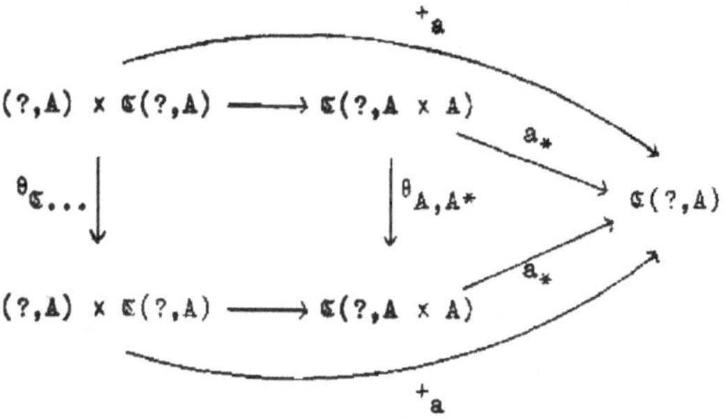

kommutativ (der linke Teil nach Definition von $\theta_{A,A}$ in 5.5), also ist $+_a$ kommutativ. Das heißt f + g = g + f in den ℭ(X,A).

7.6.4 Ist a : A × A ⟶ A assoziativ, so ist mit 7.2.2 auch

(Diagramm 7.6.5)

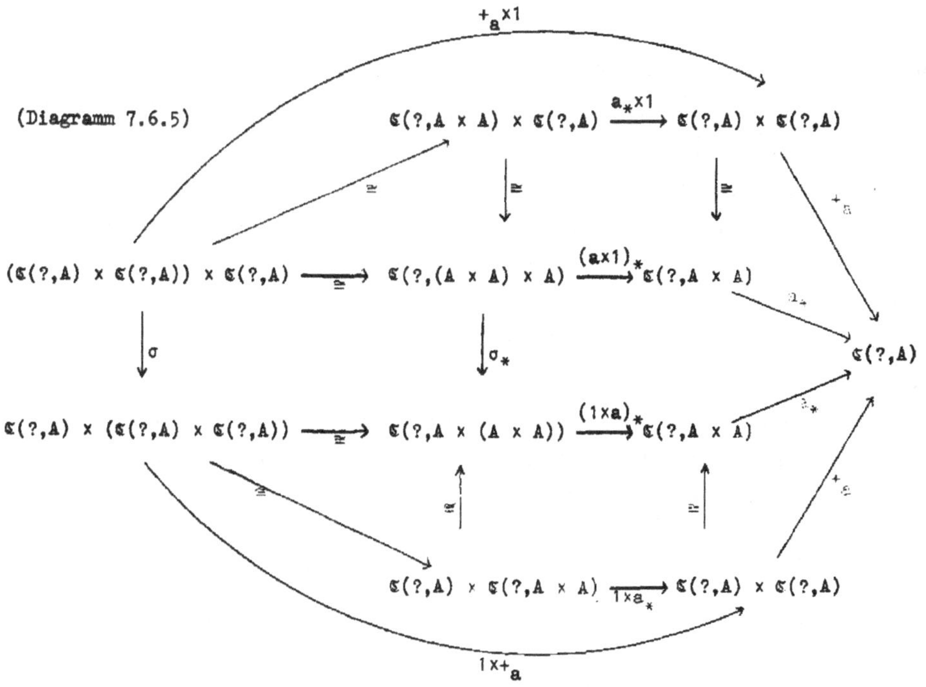

kommutativ (5.5 und Definition der Produkte), also $+_a$ assoziativ.

Das heißt $(f + g) + h = f + (g + h)$ in den $\mathfrak{C}(X,A)$, was man auch durch Rechnung
$(f + g) + h = a[f + g, h] = a[a[f,g],h] = a(a \times 1)[[f,g],h] = a(1 \times a)[f,[g,h]] = f + (g + h)$ bestätigen kann.

<u>7.6.6</u> Hat $a : A \times A \longrightarrow A$ einen neutralen Morphismus $n : A \longrightarrow A$, so ist mit 7.3.1 auch

(Diagramm 7.6.7)

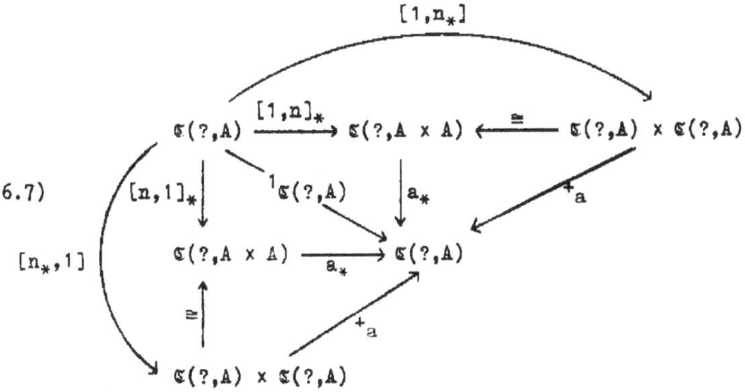

kommutativ. Außerdem ist n_* kollabierend:

<u>Lemma 7.6.8.</u> $n : A \longrightarrow A$ ist kollabierend, genau wenn $n_* : \mathfrak{C}(?,A) \longrightarrow \mathfrak{C}(?,A)$ kollabierend ist. n und n_* sind kollabierend, genau wenn jedes $n_*X : \mathfrak{C}(X,A) \longrightarrow \mathfrak{C}(X,A)$ eine konstante Abbildung ist.

Beweis: Die Behauptung über n und n_*X ist trivial (Definition von kollabierend).
Sei jetzt n_*X konstant für jedes X. Sind $\varphi, \psi : S \longrightarrow \mathfrak{C}(?,A)$ Funktortransformationen, so ist für $X \in |\mathfrak{C}|$ und $x \in SX$ ($\in |Me|!$) $(n_*X)(\varphi X)x = (n_*X)(\psi X)x$, daher $n_*\varphi = n_*\psi$.
Ist andererseits n_*X nicht konstant, so existieren Transformationen $\varphi, \psi : S \longrightarrow \mathfrak{C}(?,A)$ des konstanten Funktors $S : \mathfrak{C} \longrightarrow Me$ mit $SX = \{\emptyset\}$, $Sf = 1_{\{\emptyset\}}$ für jedes X,f, die durch n_* nicht egalisiert werden, so daß n_* nicht kollabierend ist.
n_* ist also neutral für $+_a$, was in den $\mathfrak{C}(X,A)$ heißt $f + \bar{n} = \bar{n} + f = f$ für jedes f, wo $\bar{n}$ das Element $\bar{n} := n_*f = n_*g$ ist, auf das jedes Element von $\mathfrak{C}(X,A)$ bei n_* abgebildet wird, sofern $\mathfrak{C}(X,A) \neq \emptyset$ ist.

Wie in 7.6 sprechen wir von einer an der kontravarianten Stelle natürlichen Familie $(v^X \mid X \in |\mathfrak{E}|)$ von Neutralen zu $(+^X \mid X \in |\mathfrak{E}|)$, wenn v^X neutral für $+^X$ in $\mathfrak{E}(X,A)$ ist und $h*\bar{v} = \bar{v}h*$ für $h : X \longrightarrow Y$ ist. Äquivalent ist die Angabe der natürlichen Transformation $(\mathfrak{E}(?,A), \mathfrak{E}(?,A), (v^X \mid X \in |\mathfrak{E}|))$ oder, wenn die $\mathfrak{E}(X,A)$ nicht leer sind, die Angabe von $(\bar{v}^X \mid X \in |\mathfrak{E}|)$ der üblichen Neutralen $\bar{v}^X \in \mathfrak{E}(X,A)$ mit $v^X : f \longmapsto \bar{v}^X$.

<u>7.6.9.</u> Hat a : $A \times A \longrightarrow A$ eine Inversion, so hat man mit 7.5.1 das kommutative Diagramm

(Diagramm 7.6.10)

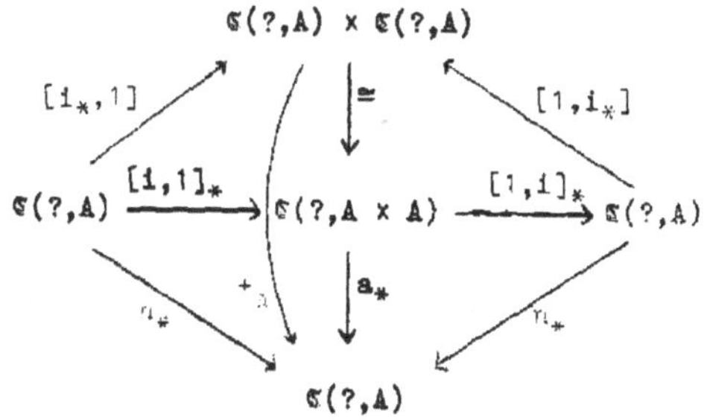

also eine Inversion $i_* : \mathfrak{E}(?,A) \longrightarrow \mathfrak{E}(?,A)$ für $+_a$. Für die $\mathfrak{E}(X,A)$ heißt das $f + i_* f = i_* f + f = \bar{n}$. Wir bezeichnen wie üblich $i_* f =: -f$. Allgemein heißt eine Familie $(\iota^X \mid X \in |\mathfrak{E}|)$ von Inversionen zu $(+^X \mid X \in |\mathfrak{E}|)$ eine an der kontravarianten Stelle natürliche Familie von Inversionen, wenn für $h : X \longrightarrow Y$ stets

(Diagramm 7.6.11)

$$
\begin{array}{ccc}
\mathfrak{E}(Y,A) & \xrightarrow{\iota} & \mathfrak{E}(Y,A) \\
{\scriptstyle h*}\downarrow & & \downarrow{\scriptstyle h*} \\
\mathfrak{E}(X,A) & \xrightarrow{\iota} & \mathfrak{E}(X,A)
\end{array}
$$

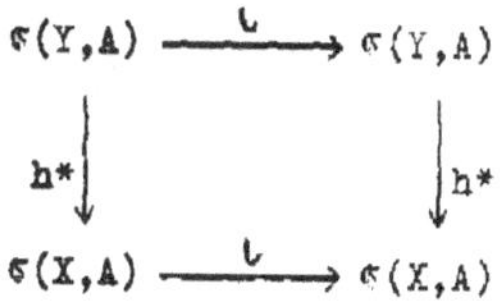

kommutativ ist, $(\iota^X \mid X \in |\mathfrak{E}|)$ also eine Transformation $\mathfrak{E}(?,A) \longrightarrow \mathfrak{E}(?,A)$ definiert.

Satz 7.6.12 Ist $a : A \times A \longrightarrow A$ assoziativ, $(\bar{v}^X \mid X \in |\mathfrak{C}|)$ eine Familie von Neutralen und $(\iota^X \mid X \in |\mathfrak{C}|)$ eine Familie von Inversionen zu den $+_a :$ $\mathfrak{C}(X,A) \times \mathfrak{C}(X,A) \longrightarrow \mathfrak{C}(X,A)$, so sind $(\bar{v}^X \mid X \in |\mathfrak{C}|)$ und $(\iota^X \mid X \in |\mathfrak{C}|)$ an der kontravarianten Stelle natürlich.

Beweis: Sei $h : X \longrightarrow Y$. Jedes $(\mathfrak{C}(X,A), +_a)$ ist eine Gruppe und $h^* : \mathfrak{C}(Y,A) \longrightarrow \mathfrak{C}(X,A)$ respektiert die Addition (ist $(+_a{}^Y, +_a{}^X)$-primitiv). Dann respektiert h^* Neutrale und Inversenbildung. Zum Beweis bei Gruppen (Neutrale) benötigt man mit $fx = f(x+\bar{v}) = fx + f\bar{v}$ und $\bar{v} = (-fx) + fx =$ $(-fx) + (fx + f\bar{v}) = ((-fx) + fx) + f\bar{v} = f\bar{v}$ die Assoziativität. Kommt $\mathfrak{C}(X,A) = \emptyset$ vor, so bleibt der Satz richtig. Wir sprechen wegen 7.6.10 von einer an der kontravarianten Stelle natürlichen Gruppenstruktur $(+^X \mid X \in |\mathfrak{C}|)$ auf $\mathfrak{C}$, wenn $(+^X \mid X \in |\mathfrak{C}|)$ eine an der kontravarianten Stelle natürliche Familie von Additionen in den $\mathfrak{C}(X,A)$ ist und die $(\mathfrak{C}(X,A), +^X)$ Gruppen sind (über Me!).

7.7 Ist $((A,a), (B,b), f)$ ein Homomorphismus, H-Homomorphismus, G-Homomorphismus, so ist mit 7.1.1 auch

(Diagramm 7.7.1)

$$\begin{array}{ccccc} & & +_a & & \\ \mathfrak{C}(?,A) \times \mathfrak{C}(?,A) & \xrightarrow{\cong} & \mathfrak{C}(?,A \times A) & \xrightarrow{a_*} & \mathfrak{C}(?,A) \\ \downarrow{\scriptstyle f_* \times f_*} & & \downarrow{\scriptstyle f_*} & & \downarrow{\scriptstyle f_*} \\ \mathfrak{C}(?,B) \times \mathfrak{C}(?,B) & \xrightarrow{\cong} & \mathfrak{C}(?,B \times B) & \xrightarrow{a_*} & \mathfrak{C}(?,B) \\ & & +_b & & \end{array}$$

kommutativ oder $f(g+h) = fg + fh$ für $g,h : X \longrightarrow A$, also $((\mathfrak{C}(?,A), +_a), (\mathfrak{C}(?,B), +_b), f_*)$ ein Homomorphismus, mit

(7.7.2) $fn = n'f$ gilt

(7.7.3) $f_* n_* = n'_* f_*$ oder $f_* \bar{n} = f\bar{n} = \bar{n}'$ in den $\mathfrak{C}(X,A)$

und mit

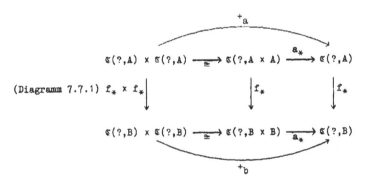

<u>(7.7.4)</u> $fi = i'f$ gilt

<u>(7.7.5)</u> $f_*i_* = i'_* \cdot f_*$, oder $f_*(-g) = -f_*g$ für $g \in \mathfrak{C}(X,A)$.

Wir werden sehen (7.8.5), daß 7.7.2, 7.7.4 bei G-Objekten bereits aus 7.1.1 (7.7.1) folgen, also jeder Homomorphismus von G-Objekten ein G-Homomorphismus ist (wie bei Gruppen).

<u>7.8</u> $((A,a), (B,b), f) \longmapsto ((\mathfrak{C}(?,A), +_a), (\mathfrak{C}(?,B), +_b), f_*)$ definiert Funktoren F_+, F_H, F_G, die wir in einem kommutativen Funktordiagramm mit den „Einbettungsfunktoren" $\mathfrak{C}_G \subset \mathfrak{C}_H \subset \mathfrak{C}_+$ etc. und dem vergeßlichen $\mathfrak{C}_+ \longrightarrow \mathfrak{C}$ angeben.

(Diagramm 7.8.1)

$$\begin{array}{ccc}
\mathfrak{C} & \xrightarrow{\mathfrak{C}(?,??)} & \mathrm{Nat}_{\mathrm{kontra}}(\mathfrak{C},\mathrm{Me}) \\
\uparrow & & \uparrow \\
\mathfrak{C}_+ & \xrightarrow{F_+} & (\mathrm{Nat}_{\mathrm{kontra}}(\mathfrak{C},\mathrm{Me}))_+ \\
\cup & & \cup \\
\mathfrak{C}_H & \xrightarrow{F_H} & (\mathrm{Nat}_{\mathrm{kontra}}(\mathfrak{C},\mathrm{Me}))_H \\
\cup & & \cup \\
\mathfrak{C}_G & \xrightarrow{F_G} & (\mathrm{Nat}_{\mathrm{kontra}}(\mathfrak{C},\mathrm{Me}))_G
\end{array}$$

<u>Satz 7.8.2</u> Ist $\alpha : \mathfrak{C}(?,A) \times \mathfrak{C}(?,A) \longrightarrow \mathfrak{C}(?,A)$ gegeben, so existiert (genau ein) $a : A \times A \longrightarrow A$ mit $+_a = \alpha$. Ist $\nu : \mathfrak{C}(?,A) \longrightarrow \mathfrak{C}(?,A)$ neutral für α, so $\nu 1_A =: n$ für a, ist $\iota : \mathfrak{C}(?,A) \longrightarrow \mathfrak{C}(?,A)$ Inversion für α, so $\iota 1_A =: i$ für a.

<u>Satz 7.8.3</u> (A,a) mit $a : A \times A \longrightarrow A$ ist assoziativ, kommutativ, H-Objekt, G-Objekt, genau wenn $(\mathfrak{C}(?,A), +_a)$ assoziativ, kommutativ, H-Objekt, G-Objekt ist. $(\mathfrak{C}(?,A), +_a)$ ist assoziativ, kommutativ, H-Objekt, G-Objekt, genau wenn die $(\mathfrak{C}(X,A), +_a^X)$ sämtlich assoziativ, kommutativ, H-Mengen, Gruppen sind.

<u>Satz 7.8.4</u> $((A,a), (B,b), f)$ ist Homomorphismus, H-Homomorphismus, G-Homomorphismus, genau wenn $(\mathfrak{C}(?,A), +_a), \mathfrak{C}(?,B), +_b), f_*)$ und genau wenn jedes $((\mathfrak{C}(X,A), +_a), (\mathfrak{C}(X,B), +_b), f_*)$ Homomorphismus, H-Homomorphismus, G-Homomorphismus ist.

Corollar 7.8.5 $\mathfrak{C}_G$ ist voll in $\mathfrak{C}_H$.

Jeder Homomorphismus von G-Objekten ist also G-Homomorphismus.

Satz 7.8.6 F_+, F_H, F_G sind injektiv und voll.

Beweis: Wir führen Namen $\mathfrak{C}(?,A) \times \mathfrak{C}(?,A) \underset{\eta}{\overset{\chi}{\rightleftarrows}} \mathfrak{C}(?,A \times A)$ für die Darstellung von $\mathfrak{C}(?,A) \times \mathfrak{C}(?,A)$ ein.

7.8.2: 1. $\alpha \longmapsto a$: Wir setzen $a := \alpha\eta 1_{A \times A} : A \times A \longrightarrow A$, bei $\mathfrak{C}(?,A \times A) \xrightarrow[\cong]{\eta} \mathfrak{C}(?,A) \times \mathfrak{C}(?,A) \xrightarrow{\alpha} \mathfrak{C}(?,A)$ und haben $\alpha = \alpha\eta\chi = a_*\chi = +_a$ wegen $\eta\chi = 1_{\mathfrak{C}(?,A \times A)}$, 3.4.3 und der Definition von $+_a : \mathfrak{C}(?,A) \times \mathfrak{C}(?,A) \xrightarrow{\chi} \mathfrak{C}(?,A \times A) \longrightarrow \mathfrak{C}(?,A)$ in 7.6.

Man beachte besonders, daß man a_* bekommt, wenn man bei der Definition von $+_a$ in 7.6 den mit ≅ bezeichneten Pfeil (Äquivalenz χ) umkehrt (η). Die Eindeutigkeit von A und a folgt aus 7.8.6 (F_+) injektiv) oder direkt mit 3.4.1 nach der Feststellung $a_*\chi = +_a = \alpha = +_{a'} = a'_*\chi \Rightarrow a_* = a'_*$, da χ eine Äquivalenz und daher epimorph ist (oder $\Rightarrow a_* = a_*\chi\eta = a'_*\chi\eta = a'_*$).

2. $\nu \longmapsto n : n := \nu 1_A$ (3.4.3), also $n_* = \nu$. n ist kollabierend mit ν (7.6.8), $a_*[1_A,n]_* = a_*[n,1_A]_* = 1_{\mathfrak{C}(?,A)} = (1_A)_*$ schließt man durch Umkehr der ≅ bezeichneten Pfeile in 7.6.7, da alle anderen Teile des Diagramms kommutativ sind. Man beachte, daß man $a_*[1,n]_* = 1$ bzw. $a_*[n,1]_* = 1$ bekommt, wenn $n_* = \nu$ rechts- bzw. linksneutral ist. $a[1_A,n] = a[n,1_A] = 1_A$ folgt aus 3.4.1.

3. $\iota \longmapsto i$: $i := \iota 1_A$ (3.4.3), also $i_* = \iota$. Durch Umkehr des ≅ bezeichneten Pfeiles in 7.6.10 schließt man $a_*[i,1]_* = a_*[1,i] = n_*$ und den Rest mit 3.4.1.

Man bekommt ein einseitiges Inverses, wenn ι einseitiges Inverses ist. Für die Folgerung $n = a[i,1]$ bzw. $n = a[1,i]$ braucht man keine Voraussetzung über $n : A \longrightarrow A$.

7.8.3: Die Behauptungen über den Zusammenhang zwischen $\mathfrak{C}(?,A)$ und den $\mathfrak{C}(X,A)$ im zweiten Teil ist trivial. Erster Teil des Satzes : $\Rightarrow$ wurde schon bewiesen (7.6.4, 7.6.2, 7.6.6, 7.6.9). $\Leftarrow$:

1. Assoziativ: Umkehr der mit ≅ bezeichneten Pfeile in 7.6.6, dann 3.4.1.
2. Kommutativ: Umkehr der mit ≅ bezeichneten Pfeile in 7.6.3, dann 3.4.1.
3. H-Objekt: 7.8.2 $\nu \longmapsto n$.
4. G-Objekt: assoziativ, 7.8.2 $\nu \longmapsto n$ und $\iota \longmapsto i$.

7.8.4. Die Behauptung über $\mathfrak{C}(?,A)$, $\mathfrak{C}(X,A)$ ist wieder trivial.

Erster Teil des Satzes $:\Rightarrow$ (7.7); $\Leftarrow$:

1. Homomorphismus: Umkehr der mit $\cong$ bezeichneten Pfeile in 7.7.1, dann 3.4.1.

2. H-Homomorphismus, G-Homomorphismus: Nach 3.4.1 sind 7.7.2 und 7.7.3 äquivalent und 7.7.4 und 7.7.5 äquivalent.

7.8.5. Wie bereits bemerkt, (7.6.12 Beweis), respektieren Abbildungen von Gruppen mit der Addition auch Neutrale und Inverse. Dann wende man 7.8.4 an.

7.8.6. 1. injektiv: F_G, F_H sind injektiv, wenn F_+ injektiv ist. F_+ ist injektiv: Ist $((\mathfrak{C}(?,A), +_a), (\mathfrak{C}(?,B), +_b), f_*) = ((\mathfrak{C}(?,A'), +_{a'}), (\mathfrak{C}(?,B'), +_{b'}), f'_*)$, so $f_* = f'_*$ und $f = f'$ (3.4.1), daher $A = A'$, $B = B'$. $a = a'$ folgt aus $+_a = +_{a'}$ (7.8.2): Aus $a_*\chi = +_a = +_{a'} = a'_*\chi$ folgt $a_* = a'_*$, da χ Äquivalenz ist, $a = a'$ folgt aus 3.4.1. $b' = b'$ schließt man genauso.

2. voll: 1. Ist $((\mathfrak{C}(?,A), +_a), (\mathfrak{C}(?,B), +_b), \varphi)$ Homomorphismus, H-Homomorphismus, G-Homomorphismus in $(\mathrm{Nat}_{\mathrm{kontra}}(\mathfrak{C},\mathrm{Me}))_+$, so $\varphi = f_*$ (3.4.3) und $((A,a), (B,b), f)$ ist Homomorphismus, H-Homomorphismus, G-Homomorphismus (7.8.4).

7.8.7. Als Gruppenaxiome genügen bekanntlich Assoziativität und Linksneutrales, Linksinverse oder Rechtsneutrales, Rechtsinverse. Nach den Bemerkungen zum Beweis von 7.8.2 $\nu \longmapsto n$, $\iota \longmapsto i$ gilt dasselbe für G-Objekte über einer Kategorie $\mathfrak{C}$. In Gruppen ist $-(-x) = x$. Aus $(i_*i_*)X = 1_{\mathfrak{C}(X,A)}$ für jedes X folgt $i_*i_* = 1_{\mathfrak{C}(?,A)}$ und $ii = 1_A$ (3.4.1) für die Inversion i.

<u>7.9</u> Man dualisiere $\mathfrak{C}$: $a : A \longrightarrow A * A$ heißt Coaddition, $f : B \longrightarrow A$ mit $af = (f * f)b$ heißt (b,a)-coprimitiv, $((B,b), (A,a), f)$ ein Cohomomorphismus. Man erhält eine Kategorie $\mathfrak{C}^+$. Cokommutativ (=: kommutativ) definiert man dual zu 7.2 (Diagramm 7.2.1), coassoziativ (=: assoziativ) (7.2, Diagramm 7.2.2), Coneutrale (7.3, Diagramm 7.3.1, Cokollabierend : $fu = gu$ für alle $f,g: A \longrightarrow \cdot$), Coinversionen (7.5, Diagramm 7.5.1), Co-H-Objekte, Co-H-Homomorphismen (7.3.6), Co-G-Objekte, Co-G-Homomorphismen (7.5). $\mathfrak{C}$-dual (!) zu $\mathfrak{C}_H$, $\mathfrak{C}_G$ ist $\mathfrak{C}^H$, $\mathfrak{C}^G$, und $\mathfrak{C}^G$ ist Teilkategorie von $\mathfrak{C}^H$, $\mathfrak{C}^H$ von $\mathfrak{C}^+$ und $\mathfrak{C}^G$ ist voll in $\mathfrak{C}^+$ (7.8.5) und $\mathfrak{C}^H$ ist voll in $\mathfrak{C}^+$, falls $\mathfrak{C}$ Nullmorphismen hat.

Die Illustrationen der Begriffe bei Mengen, wie z.B. $a =: +$ ist kommutativ im Sinne von Diagramm 7.2.1, genau wenn $x + y = y + x$ ist, sind hier natürlich sinnlos.

Beim Übergang $((B,b), (A,a), f) \longmapsto ((\mathfrak{C}(A,?), +^a), (\mathfrak{C}(B,?), +^b), f^*)$ von $\mathfrak{C}$ zu Nat bemerke man, daß man statt 7.8.1 ein Funktordiagramm

$$
\begin{array}{ccc}
\mathfrak{C} & \xrightarrow{\mathfrak{C}(??,?)} & Nat_{ko}(\mathfrak{C},Me) \\
\uparrow & & \cup \\
\mathfrak{C}^+ & \xrightarrow{F^+} & (Nat_{ko}(\mathfrak{C},Me))^+ \\
\cup & & \cup \\
\mathfrak{C}^H & \xrightarrow{F^H} & (Nat_{ko}(\mathfrak{C},Me))^H \\
\cup & & \cup \\
\mathfrak{C}^G & \xrightarrow{F^G} & (Nat_{ko}(\mathfrak{C},Me))^G
\end{array}
$$

(Diagramm 7.9.1)

erhält, wobei Coadditionen $a : H \longrightarrow A * A$ in Additionen $+^a$: $\mathfrak{C}(A,?) \times \mathfrak{C}(A,?) \longrightarrow \mathfrak{C}(A,?)$ übergehen und in an der kovarianten Stelle natürliche Familien $(+^a_X \mid X \in |\mathfrak{C}|)$ von Additionen $+^a_X : \mathfrak{C}(A,X) \times \mathfrak{C}(A,X) \longrightarrow \mathfrak{C}(A,X)$.

Damit ist klar, wie 7.8.2 - 7.8.6 zu dualisieren sind; Beispiel:

Satz 7.9.2. (7.8.2) Ist $\alpha : \mathfrak{C}(A,?) \times \mathfrak{C}(A,?) \longrightarrow \mathfrak{C}(A,?)$ gegeben, so existiert (genau ein) $a : A \longrightarrow A * A$ mit $+^a = \alpha$. Ist $\nu : \mathfrak{C}(A,?) \longrightarrow \mathfrak{C}(A,?)$ neutral für α, so ist $\nu 1_A =: u$ coneutral für a, ist $\iota: \mathfrak{C}(A,?) \longrightarrow \mathfrak{C}(A,?)$ Inversion für α, so ist $\iota 1_A =: i$ Coinversion für a.

Zu späterem Gebrauch dualisieren wir 7.4.6 und bemerken, daß $\rho : A * A \longrightarrow A \times A$ dabei in sich übergeht (Stürzen an der Hauptdiagonale : Bemerkung nach 5.9.2):

Satz 7.9.3. Hat $\mathfrak{C}$ Nullmorphismen und ist $\rho : A * A \longrightarrow A \times A$ eine Äquivalenz, so existiert genau eine Co-H-Struktur auf A. O ist Coneutral für diese Co-H-Struktur.

Kombination mit 7.4.6 liefert:

Satz 7.9.4. Hat $\mathfrak{C}$ Nullmorphismen und ist $\rho : A * A \longrightarrow A \times A$ eine Äquivalenz, so existiert genau eine H-Struktur und genau eine Co-H-Struktur auf A. O ist neutral bzw. coneutral.

7.10 Beispiele: 7.10.1. PuMe: 1. Assoziative H-Objekte sind die Monoide mit Einheit (= Grundpunkt), G-Objekte die Gruppen. 2. Es existieren nur triviale Co-H-Objekte: Ist $a : A \longrightarrow A * A = A \vee A$ (5.8.7.2) mit Coneutralem 0_{AA} (andere Coneutralen können wegen 7.3.5) nicht existieren), so ist

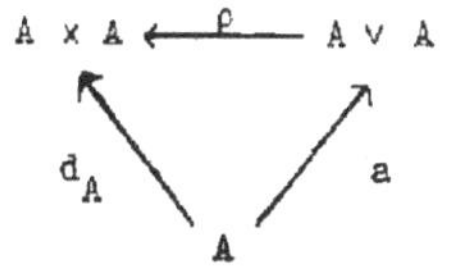

kommutativ (7.4.2).
Aus $d_A x = (x,x)$ und $\rho x = (x,0)$ oder $(0,x)$ mit Grundpunkt 0, je nachdem ob x aus dem ersten oder zweiten A in $A \vee A$ ist, folgt, daß der Durchschnitt der Bilder von d_A und ρ in $A \times A$ (0,0) ist. Die Bilder von d_A und ρa in $A \times A$ müssen gleich sein bei $d_A = \rho a$. Das ist, da d_A monomorph (injektiv) ist, nur möglich, wenn A nur aus dem Grundpunkt besteht.

7.10.2. PuTop: 1. G-Objekte sind die topologischen Gruppen. Verlangt wird, daß a, i stetig $a : A \times A \longrightarrow A$, $i : A \longrightarrow A$ sind (das kollabierende und daher konstante n ist automatisch stetig). Nicht jeder Raum läßt eine G- oder auch nur H-Struktur zu: Ist $a : A \times A \longrightarrow A$ H-Struktur (neutral ist der Grundpunkt $\bar{n}$), so erhält man durch Übergang zu Homotopieklassen $\bar{a} : A \times A \longrightarrow A$ eine H-Struktur in PuToph. S^1 ist Träger einer Co-H-Struktur in PuToph (7.10.3). Nach 7.11 ist die Fundamentalgruppe $\pi_1(A,\bar{n}) = \text{PuToph}(S^1,(A,\bar{n}))$ abelsch. $\pi_1(S^1 \vee S^1) = \mathbb{Z} * \mathbb{Z}$ (Hilton [19; 5.3], Hu [22; II Ex A], $\mathbb{Z} * \mathbb{Z}$ ist das Co-Produkt in Gr (5.8.7.6)).
2. Co-H-Objekte sind wie in PuMe (7.10.1.2) trivial.

7.10.3. PuToph: 1. H-Objekte sind als H-Räume oder Hopf'sche Räume bekannt (7.3.6). 2. $a : S^1 \longrightarrow S^1 \vee S^1$ in PuTop sei das Identifizieren irgendeines vom Grundpunkt von S^1 verschiedenen Punktes von S^1 mit dem Grundpunkt, gefolgt von einer Homöomorphie dieses Quotienten nach $S^1 \vee S^1$, z. B.

$$as := \begin{cases} (2s,0) & , 0 \le s \le \frac{1}{2} \\ (0,2s-1) & , \frac{1}{2} \le s \le 1 \end{cases}$$

bei Parametrisierung von S^1 als $I/_{0=1}$ mit dem reellen Einheitsintervall $[0,1] =: I$ und Beschreibung der $x \in S^1 \vee S^1$ durch Repräsentanten in $I \times I \longrightarrow S^1 \times S^1 \supset S^1 \vee S^1$, wo $I \times I \longrightarrow S^1 \times S^1$ die Identifizierung einander gegenüberliegender Quadratseiten (6.3.2.4) ist. Die kanonische Einbettung $S^1 \vee S^1 \subset S^1 \times S^1$ (5.8.7.3), die (z.B.) die Topologie von $S^1 \vee S^1$ definiert, ist gleichzeitig ρ. Grundpunkt ist immer der durch $0 \in I$ bzw. $0 \times 0 \in I \times I$ repräsentierte Punkt, der in dem Symbol S^1 mitenthalten sei. $S^1 \times S^1$, $S^1 \vee S^1$ sind Produkt bzw. Coprodukt in PuTop und PuToph, die Homotopieklassen $\bar{\rho}$ von ρ und $\bar{d}_{S^1}$ der Diagonale $d_{S^1} : S^1 \longrightarrow S^1 \times S^1$ in PuTop sind ρ bzw. d_{S^1} in PuToph. Aus dem Bild

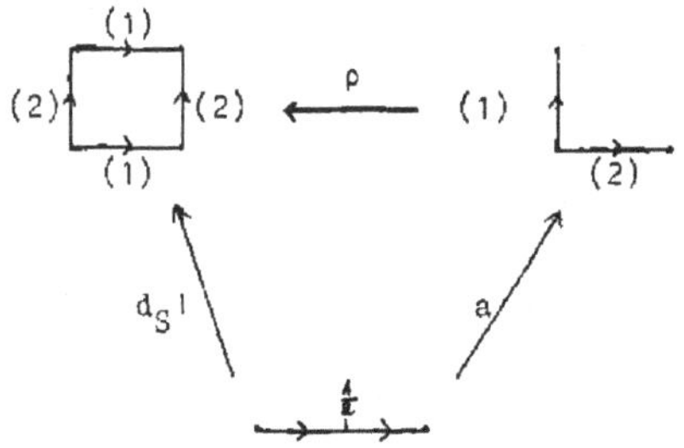

das a, ρ, d_{S^1} auf Repräsentanten beschreibt, entnimmt man sofort, daß ρa homotop zu d_A ist. Das Diagramm der Homotopieklassen ist also kommutativ und $(S^1,\bar{a})$ Co-H-Objekt über PuToph. $\bar{a}$ ist eine Co-G-Struktur und (PuToph $(S^1,(X,x))$, $+_{\bar{a}}$) = $\pi_1(X,x)$ die Fundamentalgruppe. Ist $A \in$ PuTop, so definiert man die reduzierte Einhängung $S^1 \wedge A := S^1 \times A/_{S^1 \vee A}$ (Identifizieren von $S^1 \vee A$ zu einem Punkt). $\wedge$ ist ein Funktor PuTop $\times$ PuTop $\longrightarrow$ PuTop, der mit Homotopie verträglich ist, also einen Funktor $\wedge$: PuToph $\times$ PuToph $\longrightarrow$ PuToph definiert.
$S^1 \wedge A \xrightarrow{\bar{a} \wedge 1} (S^1 \vee S^1) \wedge A \cong (S^1 \wedge A) \vee (S^1 \wedge A)$ ist eine Co-G-Struktur in $S^1 \wedge A$ (Eckmann-Hilton [10; 5.3]; bei Puppe [30] Einzelheiten über Einhängungen, Beschreibung von $\bar{a} \wedge 1$ in 4.2).

Wir bemerken, daß S^1 mit der Addition von Bogenlängen (mod 1) eine topologische Gruppe ist, G-Objekt in PuTop, also auch in PuToph ist.

7.10.4 Gr.: 1. Addition ist ein Gruppenhomomorphismus $a : A \times A \longrightarrow A$. (A,a) sei H-Objekt. Bezeichnen wir die Gruppenoperation mit $(x,y) \longmapsto x + y$ (auch bei nichtkommutativer Gruppe A), die Einheit mit o, so ist $a(x,y) = a(x + o,\ o + x) = a((x,o) + (o,y))$ (Addition in $A \times A$) = $a(x,o) + a(o,y)$ (a ist (+,+)-primitiv) $= x + y$ (o ist Einheit für a : Nullmorphismen, 7.3.5), die Gruppenoperation also die einzige H-Struktur auf A. Außerdem ist $a(x,y) = a(o + x,\ y + o) = a((o,y) + (x,o)) = a(o,y) + a(x,o) = y + x$. H-Objekte sind also höchstens die kommutativen Gruppen mit der Gruppenoperation als Addition a. Andererseits definiert bei kommutativem $A = (A',+)$ $(x,y) \longmapsto x + y$ einen Homomorphismus $a : A \times A \longrightarrow A$, der

$$\begin{array}{ccc} (A' \times A') \times (A' \times A') & \xrightarrow{+} & A' \times A' \\ {\scriptstyle a\times a \sim +\times+}\downarrow & & \downarrow{\scriptstyle + \sim a} \\ A' \times A' & \xrightarrow{+} & A' \end{array}$$

kommutativ ist:

$a(x,y) + a(x',y') = (x + y) + (x' + y') = (x + x') + (y + y') = a((x,y) + (x',y'))$.

a ist offenbar eine kommutative G-Struktur. Die Homomorphismen (= G-Homomorphismen) in Gr_G entsprechen genau den Gruppenhomomorphismen (= Morphismen von Gr).

2. (Eckmann-Hilton [10; 5.4.3] ohne und [11] mit Beweisen:) Coaddition ist ein Homomorphismus $a : A \longrightarrow A * A$ in das freie Produkt $A * A$. Man bezeichne die Gruppenoperation mit $x + y$, um sie von xy in den formalen Worten von $A * A$ zu unterscheiden. Im übrigen benutzen wir die Gruppenoperation nicht. Co-H-Strukturen $A \longrightarrow A * A$ existieren, genau wenn A frei ist [11; 1.4]. Man erhält eine (assoziative) Co-H-Struktur a durch $x \longmapsto xx$ für die x einer freien Familie von Erzeugenden von A, und jede assoziative Co-H-Struktur ist von dieser Form (loc.cit.p.211).

Außerdem hat man bei nichttrivialem freiem A viele nichtassoziative Co-H-Strukturen (l.c.p. 212). Bei nichttrivialem A ist keine Co-H-Struktur kommutativ (l.c. 1.7). (b,a)-coprimitiv $B \longrightarrow A$ sind die f, die die zur Definition von b herangezogenen Erzeugenden von B auf die zur Definition von a herangezogenen Erzeugenden von A oder die Einheit von A abbilden.

<u>7.10.5</u> Ab: $\rho : A * A \longrightarrow A \times A$ ist eine Äquivalenz; jede Abelsche Gruppe läßt genau eine H- und genau eine Co-H-Struktur zu. H-Struktur ist die ursprüngliche Gruppenaddition (7.10.4.1), Co-H-Struktur die Diagonalabbildung $x \longmapsto (x,x)$, was mit 7.10.4.2 und 6.3.2.3 zusammenhängt oder sofort aus 7.4.2 folgt, wenn man die Auswahl für $A * A$, $A \times A$ so vereinbart, daß $\rho = 1$ ist.

<u>7.11</u> Die Fundamentalgruppe eines Schleifenraumes (H-Raumes) ist abelsch:

<u>Satz 7.11.1.</u> Hat $\mathfrak{C}$ Nullmorphismen und ist (A,a) Co-H-Objekt, (B,b) H-Objekt, so ist 1. $(\mathfrak{C}(A,B), +_b^A) = (\mathfrak{C}(A,B), +_B^a)$,

2. $+_b^A = +_B^a$ kommutativ und assoziativ.

Beweis: Für f, g, h, k : $A \longrightarrow B$ berechnen wir die Komposition

$$A \xrightarrow{\ a\ } A * A \xrightarrow{\begin{pmatrix} f & g \\ h & k \end{pmatrix}} B \times B \xrightarrow{\ b\ } B \ : \text{Mit}$$

$b \begin{pmatrix} v \\ w \end{pmatrix} = b\,[v,w] = v +_b w$ für $v,w : \cdot \longrightarrow B$ und

$(v \ w)\, a = \ v,w \ \ a = v +^a w$ für $v,w : A \longrightarrow \bullet$ ist

$$b \begin{pmatrix} f & g \\ h & k \end{pmatrix} a = \left(b \begin{pmatrix} f,g \\ h,k \end{pmatrix} \right) a = (\ f,g \ +_b \ h,k \ )a = (f +^a g) +_b (h +^a k) \ (7.6.1)$$

andererseits

$$b \begin{pmatrix} f & g \\ h & k \end{pmatrix} a = b \left(\left(\begin{pmatrix} f \\ h \end{pmatrix} \begin{pmatrix} g \\ k \end{pmatrix} \right) a \right) = b\,([f,h] +^a [g,k]) = (f +_b h) +^a (g +_b k)$$

(7.6.1 dual), also

$(f +^a g) +_b (h +^a k) = (f +_b h) +^a (g +_b k)$.

Daraus folgt

1. $+_B^a \ = \ +_b^A$ mit $g := h := 0$,

2. kommutativ mit $+_B^a \ = +_b^A$ und $f := k := 0$ und assoziativ mit $+_B^a \ = +_b^A$, kommutativ und $k := 0$.

Ergebnis und Verfahren sind natürlich die von 7.10.4.1, wo von der Gruppenstruktur auch nur die Existenz von Neutralen benutzt wurde. Nullmorphismen kann man vermeiden, wenn man für den Coneutralen n^A von a und Neutralen n_B von B fordert, daß $n^A B = n_B A : \mathfrak{C}(A,B) \longrightarrow \mathfrak{C}(A,B)$ ist.

8. Additive Kategorien

Ein Ring (R,+,·) mit Einheit ist durch „(R,+) ist eine abelsche Gruppe", (R,·) ist ein Monoid mit Einheit und 0 (= Kategorie mit Nullmorphismen und nur einem Objekt) und das Distributivgesetz r(s + t)n = rsn + rtn charakterisiert. Präadditive Kategorien sind verallgemeinerte Ringe:
$\mathfrak{C}$ sei eine Kategorie mit Nullmorphismen, + eine Familie von Additionen in den $\mathfrak{C}(A,B)$, so daß die $(\mathfrak{C}(A,B), +_B^A)$ abelsche Gruppen sind und das Distributivgesetz $f(g + h)k = fgk + fhk$ gilt bei $\cdot \xrightarrow{f} \cdot \xrightarrow{g,h} \cdot \xrightarrow{k} \cdot$ (An beiden Stellen natürliche Familie von Additionen oder $+ : Hom_{\mathfrak{C}} \times Hom_{\mathfrak{C}} \longrightarrow Hom_{\mathfrak{C}}$!).
$(\mathfrak{C}, +)$ heißt präadditive Kategorie. Wie bei Ringen können mehrere „Additionen" zur selben Multiplikation (Komposition) existieren (Beispiel am Schluß von 8.5.2). Hat $\mathfrak{C}$ jedoch Produkte oder Coprodukte, so ist das nicht möglich.
$\mathfrak{C}$ sei eine Kategorie mit Nullmorphismen.

8.1 Wir fassen ein Familie + von Abbildungen $+_B^A : \mathfrak{C}(A,B) \times \mathfrak{C}(A,B) \longrightarrow \mathfrak{C}(A,B)$ mit $f(g + h)k = fgh + fhk$ bei $\cdot \xrightarrow{f} \cdot \xrightarrow{g,h} \cdot \xrightarrow{k} \cdot$ mit Neutralen auch (etwas ungenau) als H-Struktur $+ : Hom_{\mathfrak{C}} \times Hom_{\mathfrak{C}} \longrightarrow Hom_{\mathfrak{C}}$ auf. Da $\mathfrak{C}$ Nullmorphismen hat, sind die 0_{BA} neutral für die $+_B^A$ (7.3.5).

Satz 8.1.1. Hat $\mathfrak{C}$ Produkte und Coprodukte, so existiert höchstens eine H-Struktur $+ : Hom_{\mathfrak{C}} \times Hom_{\mathfrak{C}} \longrightarrow Hom_{\mathfrak{C}}$, und diese H-Struktur ist assoziativ und kommutativ.
Beweis: Sind +, +' H-Strukturen in $Hom_{\mathfrak{C}}$, so für jedes A, B $\in |\mathfrak{C}|$
$+_B^? : \mathfrak{C}(?,B) \times \mathfrak{C}(?,B) \longrightarrow \mathfrak{C}(?,B)$ und $+'^A_? : \mathfrak{C}(A,?) \times \mathfrak{C}(A,?) \longrightarrow \mathfrak{C}(A,?)$ H-Strukturen in $\mathfrak{C}(?,B)$ bzw. $\mathfrak{C}(A,?)$. Nach 7.8.2 (7.8.3) existiert eine H-Struktur $b : B \times B \longrightarrow B$ mit $+_b = +_B^?$ und dual eine Co-H-Struktur $a' : A \longrightarrow A * A$ mit $+^{a'} = +'^A_?$.
Nach 7.11.1 ist $+'^A_B = +^{a'}_A = +^A_b = +^A_B$
(und) kommutativ und assoziativ.

Zusatz 8.1.2. Es genügt die Existenz von Produkten oder Coprodukten.
Der Beweis ergibt sich aus

Satz 8.1.3. Existiert eine H-Struktur in $Hom_{\mathfrak{C}}$, so sind für jedes Diagramm

$$A_1 \underset{i_1}{\overset{p_1}{\rightleftarrows}} A \underset{i_2}{\overset{p_2}{\rightleftarrows}} A_2$$

in $\mathfrak{C}$ äquivalent:

1. $A_1 \xleftarrow{p_1} A \xrightarrow{p_2} A_2$ ist Produktdiagramm und $i_1 = [1,0]$ und $i_2 = [0,1]$,

2. $A_1 \xrightarrow{i_1} A \xleftarrow{i_2} A_2$ ist Coproduktdiagramm und $p_1 = \langle 1,0\rangle$ und $p_2 = \langle 0,1\rangle$,

3. $p_1 i_1 = 1_{A_1}$ und $p_2 i_2 = 1_{A_2}$ und $p_1 i_2 = 0_{A_1 A_2}$ und $p_2 i_1 = 1_{A_2 A_1}$ und

   $i_1 p_1 + i_2 p_2 = 1_A$,

   kurz $p_\nu i_\mu = \delta_{\nu\mu}$ und $i_1 p_1 + i_2 p_2 = 1_A$ mit

$$\delta_{\nu\mu} = \begin{cases} 1_{A_\nu}, & \nu = \mu, \\ 0_{A_\nu A_\mu}, & \nu \neq \mu. \end{cases}$$

Corollar 8.1.4. $\mathfrak{C}$ (mit H-Struktur in Hom) hat Produkte, genau wenn $\mathfrak{C}$ Coprodukte hat. Jedes Produkt ist Coprodukt, jedes Coprodukt ist Produkt. $\rho : A_1 * A_2 \longrightarrow A_1 \times A_2$ ist, falls $A_1 * A_2$ (und $A_1 \times A_2$) existiert, eine Äquivalenz.
Man nimmt meist an, daß die Auswahl $A_1 * A_2 = A_1 \times A_2$ $(\rho = 1)$ getroffen ist.
Beweis: 1 ⇒ 3: $A_1 \xleftarrow{p_1} A \xrightarrow{p_2} A_2$ sei Produktdiagramm, + H-Struktur in $\mathrm{Hom}_{\mathfrak{C}}$.
Wir definieren $i_1 := [1,0] : A_1 \longrightarrow A_1$ $i_2 := [0,1] : A_2 \longrightarrow A$.
Dann ist $p_\nu i_\mu = \delta_{\nu\mu}$ nach Definition.
$+^A_? : \mathfrak{C}(A,?) \times \mathfrak{C}(A,?) \longrightarrow \mathfrak{C}(A,?)$ ist natürlich, also $f(g + h) = fg + fh$ für $\cdot \xrightarrow{f} \cdot \xrightarrow{g,h} A$. Damit ist

$$p_1(i_1 p_1 + i_2 p_2) = p_1 i_1 p_1 + p_1 i_2 p_2 = 1_{A_1} p_1 + 0_{A_1 A_2} p_2 = p_1 + 0 = p_1 = p_1 1_A$$

und $p_2(i_1 p_1 + i_2 p_2) = p_2 1_A$, also $i_1 p_1 + i_2 p_2 = 1_A$, da $A_1 \xleftarrow{p_1} A \xrightarrow{p_2} A_2$ Produktdiagramm ist.
3 ⇒ 1: Sei $p_\nu i_\mu = \delta_{\nu\mu}$ und $i_1 p_1 + i_2 p_2 = 1_A$.

In der Situation (ausgezogene Pfeile)

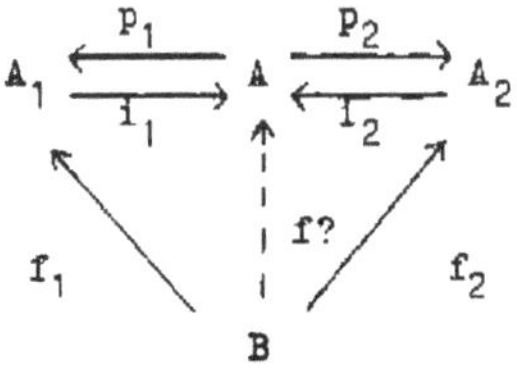

definieren wir $f := i_1f_1 + i_2f_2$.

Dann ist $p_1f = p_1i_1f_1 + p_1i_2f_2 = f_1$ und $p_2f = f_2$.

Ist für $f' : B \longrightarrow A$ $p_1f' = p_1f$ und $p_2f' = p_2f$, so $f' = (i_1p_1 + i_2p_2)f' = i_1p_1f' + i_2p_2f' = i_1p_1f + i_2p_2f = (i_1p_1 + i_2p_2)f = f$, also $A_1 \xleftarrow{p_1} A \xrightarrow{p_2} A_2$ Produktdiagramm. Daraus folgt $i_1 = [1,0]$ und $i_2 = [0,1]$ wegen $p_\nu i_\mu = \delta_{\nu\mu}$. Damit ist $1 \Rightarrow 3$ gezeigt. Da 2 dual ist zu 1 und 3 selbstdual ist, gilt $2 \Rightarrow 3$ ($\Rightarrow 1$); man beachte dabei, daß die Voraussetzung (Existenz von +) selbstdual ist.

8.1.5. In einer Kategorie mit Nullmorphismen ohne Produkte und Coprodukte können mehrere H-Strukturen in Hom existieren: $\mathbb{Z}_2$ mit der Multiplikation als Komposition und Addition als H-Struktur, sowie mit Multiplikation als Komposition und H-Struktur. Im zweiten Falle gilt das Distributivgesetz $a(bc)d = (abd)\,(acd)$, da beide Seiten 1 sind bei $a = b = c = d = 1$ und 0 sonst. In 8.5.2 hat man durch Übertragung der Addition von $\mathbb{Z}$ auf $\mathbb{Z}[x]$ oder umgekehrt ein weniger triviales Beispiel, das gleichzeitig zeigt, daß die verschärfte Forderung, daß + eine G-Struktur sei, auch keine Eindeutigkeit erzwingt.

8.2. $\mathfrak{C}$ sei Kategorie mit Nullmorphismen und H-Struktur + in Hom.
Ein Diagramm

(Diagramm 8.2.1)
$$A_1 \underset{p_1}{\overset{i_1}{\rightleftarrows}} A \underset{p_2}{\overset{i_2}{\leftrightarrows}} A_2$$

mit $p_\nu i_\mu = \delta_{\nu\mu}$ und $i_1p_1 + i_2p_2 = 1_A$ heißt Summendiagramm in $\mathfrak{C}$.

A heißt Summe von A_1 und A_2, wenn ein Diagramm 8.2.1 mit den gemachten Bedingungen existiert [16]). Existiert zu je A_1, A_2 ein Summendiagramm 8.2.1, so heißt $\mathfrak{C}$ eine halbadditive Kategorie. Da nach 8.1.3, 8.1.1 nur eine Addition in Hom existiert, nehmen wir + nicht in die Daten der halbadditiven Kategorie auf.

Nach 8.1.3 ist in 8.2.1 ein Produkt und ein Coproduktdiagramm enthalten. Wir nehmen für je A_1, A_2 die Auswahl $A_1 * A_2 = A_1 \times A_2 = A =: A_1 \oplus A_2$ an und bezeichnen $A_1 \oplus A_2$ als die Summe von A_1 und A_2. Nach 5.3.1 ist $\oplus$ ein kovarianter Funktor

$$\mathfrak{C} \times \mathfrak{C} \longrightarrow \mathfrak{C} \text{ mit } f \oplus g = f * g = f \times g = \begin{pmatrix} f & 0 \\ 0 & g \end{pmatrix} : A_1 \oplus A_2 \longrightarrow B_1 \oplus B_2 ,$$

und jede andere Auswahl der $A_1 \oplus A_2$ liefert einen äquivalenten Funktor.

<u>Satz 8.2.2.</u> In einer Kategorie $\mathfrak{C}$ mit Nullmorphismen sind äquivalent:

1. $\mathfrak{C}$ ist halbadditiv,
2. Je zwei Objekte $A_1, A_2 \in |\mathfrak{C}|$ haben Produkt und Coprodukt, und $\rho : A_1 * A_2 \longrightarrow A_1 \times A_2$ ist eine Äquivalenz,
3. $\mathfrak{C}$ hat Produkte oder Coprodukte, und jedes Objekt hat eine H- und Co-H-Struktur,

3'. $\mathfrak{C}$ hat Produkte und Coprodukte, und jedes Objekt hat genau eine H- und Co-H-Struktur.

Beweis: $1 \Rightarrow 2$: 8.1.3 ($3 \Rightarrow 1$, $3 \Rightarrow 2$), 8.1.4. $2 \Rightarrow 3'$: 7.4.6 und dual.
$3 \Rightarrow 1$: Man definiert $+_B^A : \mathfrak{C}(A,B) \times \mathfrak{C}(A,B) \longrightarrow \mathfrak{C}(A,B)$ als $+_B^A := +_B^a = +_b^A$ (7.11.1) mit irgendwelchen $a : A \longrightarrow A * A$, $b : B \times B \longrightarrow B$.
Wegen $+_B^A = +_B^a$ gilt eine und wegen $+_B^A = +_b^A$ die andere Seite des Distributivgesetzes. Der Rest folgt aus 8.1.3 ($1 \Rightarrow 3$ bei Produkten und $2 \Rightarrow 3$ bei Coprodukten).

Aus der Existenz der H- und Co-H-Struktur für jedes Objekt folgt nur die Existenz von Produkten und Coprodukten mit gleichen „Faktoren". Die zusätzliche Annahme in 3 ist daher notwendig.

<u>8.2.3.</u> Wir hatten $+_B^A = +_B^a$ festgestellt. Das liefert eine Beschreibung der Addition mit $\oplus$: Bei der getroffenen Auswahl für $\oplus$, $*$, $\times$ folgt aus der Kommutativität von 7.4.2

$$\begin{array}{ccc} A * A = A \times A = A \oplus A \\ {\scriptstyle a}\nwarrow \quad \nearrow{\scriptstyle d_A} \\ A \end{array},$$

daß $a = d_A$, also $f +_B^A g = f +_B^a g = < f,g > d_A$ ist.

Aus $d^B(f \oplus g) = < 1,1 > (f * g) = < f,g >$ (5.8.3.2) folgt $d^B(f \oplus g)\, d_A = < f,g > d_A = f + g$ oder

(Diagramm 8.2.4)

$$\begin{array}{ccc} A \oplus A & \xrightarrow{f \oplus g} & B \oplus B \\ {\scriptstyle d_A}\uparrow & & \downarrow{\scriptstyle d^B} \\ A & \xrightarrow{f + g} & B \end{array}$$

kommutativ.

Dualisierung liefert dieselbe Beschreibung $f + g = d^B(f \oplus g)\, d_A$, weil 8.2.4 selbstdual ist. Die Zwischenschnitte sind natürlich

$d^B(f \oplus g)\, d_A \;=\; d^B(f \times g)\,[1,1] \;=\; d^B[f,g] \;=\; f +_b^A g \;=\; f +_B^A g.$

<u>8.3.</u> In Verallgemeinerung von 8.1.3 und genauso beweist man:

<u>Satz 8.3.1.</u> Existiert eine H-Struktur in $Hom_{\mathfrak{C}}$, so ist für jede Familie

$$(A_\nu \underset{i_\nu}{\overset{p_\nu}{\rightleftarrows}} A \mid \nu = 1, \ldots, n) \text{ äquivalent:}$$

1. $(A_\nu \xleftarrow{p_\nu} A \mid \nu = 1, \ldots, n)$ ist Produktdiagramm und $i_\nu = [\delta_{1\nu}, \ldots, \delta_{n\nu}]$,

2. $(A_\nu \xrightarrow{i_\nu} A \mid \nu = 1, \ldots, n)$ ist Coproduktdiagramm und $p_\nu = [\delta_{\nu 1}, \ldots, \delta_{\nu n}]$,

3. $p_\nu i_\mu = \delta_{\nu\mu}$ und $i_1 p_1 + \ldots + i_n p_n = 1_A$.

$A =: A_1 \oplus \ldots \oplus A_n$ (nach Auswahl) heißt Summe der $A_1, \ldots, A_n$ und existiert in jeder halbadditiven Kategorie.

Untersuchen wir

$$A \xrightarrow{f} B \xrightarrow{g} C, \qquad h : A \to C \text{ (Bogen von } A \text{ nach } C\text{)},$$

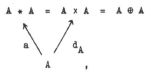

$gf = h$ bei $A = A_1 \oplus \ldots \oplus A_2 = A_1 * \ldots * A_2$ mit $A_\lambda \xrightarrow{i_\lambda} A$,

$B = B_1 \oplus \ldots \oplus B_m = B_1 \times \ldots \times B_m = B_1 * \ldots * B_m$ mit $B_\mu \underset{p_\mu}{\overset{j_\mu}{\rightleftarrows}} B$,

$C = C_1 \oplus \ldots \oplus C_n = C_1 \times \ldots \times C_n$ mit $C_\nu \xleftarrow{q_\nu} C$,

so ist $h = gf = g1_Bf = g\left(\sum_\mu j_\mu p_\mu\right) f = \sum_\mu \left(gj_\mu p_\mu f\right)$ und für die Elemente

$h_{\nu\lambda} = q_\nu h i_\lambda$ der zu $A_\lambda \xrightarrow{i_\lambda} A$, $C \xrightarrow{q_\nu} C_\nu$ gehörigen Matrixdarstellung von h (5.9)

ist $h_{\nu\lambda} = q_\nu h i_\lambda = q_\nu \left(\sum_\mu gj_\mu p_\mu f\right) i_\lambda = \sum_\mu \left(q_\nu g j_\mu\right)\left(p_\mu f i_\lambda\right) = \sum_\mu g_{\nu\mu} f_{\mu\lambda}$,

was man wie üblich durch Multiplikation Zeilen × Spalten in

$$\begin{pmatrix} g_{11} & \cdots & g_{1m} \\ \vdots & & \vdots \\ g_{n1} & \cdots & g_{nm} \end{pmatrix} \cdot \begin{pmatrix} f_{11} & \cdots & f_{1l} \\ \vdots & & \vdots \\ f_{m1} & \cdots & f_{ml} \end{pmatrix} = \begin{pmatrix} h_{11} & \cdots & h_{1l} \\ \vdots & & \vdots \\ h_{n1} & \cdots & h_{nl} \end{pmatrix}$$

erhält.

8.3.2. Die Addition der als Matrix geschriebenen Morphismen geschieht trivialerweise komponentenweise: $(f + g)_{\nu\mu} = p_\nu(f + g)\, i_\mu =$
$p_\nu f i_\mu + p_\nu g i_\mu = f_{\nu\mu} + g_{\nu\mu}$ bei
$A_\mu \xrightarrow{i_\mu} A_1 \oplus \ldots \oplus A_m \underset{g}{\overset{f}{\longrightarrow}} B_1 \oplus \ldots \oplus B_n \xrightarrow{p_\nu} B_\nu$.

8.3.3. Ist $\mathfrak{C}$ Kategorie mit Nullmorphismen und kommutativer sowie assoziativer H-Struktur in Hom, aber nicht halbadditiv (d.h. im allgemeinen existiert $A_1 \oplus A_2$ nicht), so regt die Matrizenmultiplikation und Addition zur Einführung von Summen an (Burmistrowitsch [7]) : $C_\oplus$ habe Objekte
$(A_1, \ldots, A_n) =: A_1 \oplus \ldots \oplus A_n$ mit $A_1, \ldots, A_n \in |\mathfrak{C}|$ und $n \geq 1$.
Morphismen $A_1 \oplus \ldots \oplus A_m \longrightarrow B_1 \oplus \ldots \oplus B_n$ definiert man als Matrizen

$$\begin{pmatrix} f_{11} & \cdots & f_{1m} \\ \vdots & & \vdots \\ f_{n1} & \cdots & f_{nm} \end{pmatrix}$$

mit $f_{\nu\mu} : A_\mu \longrightarrow B_\nu$, so daß also $\mathfrak{C}_\oplus(A_1 \oplus \ldots \oplus A_m,\ B_1 \oplus \ldots \oplus B_n) = \underset{\mu,\nu}{\times}\ \mathfrak{C}(A_\mu,B_\nu)$ ist.

Als Komposition hat man die Matrizenmultiplikation (8.3), wobei zum Nachweis der Assoziativität benutzt wird, daß + kommutativ und assoziativ ist.

+ in $\mathfrak{C}_\oplus$ definiert man komponenterweise (8.3.2). Man prüft nach, daß $\mathfrak{C}_\oplus$ eine halbadditive Kategorie ist und $\mathfrak{C} \longrightarrow \mathfrak{C}_\oplus$ mit $A \longmapsto (A)$, $f \longmapsto (f)$ kovariant injektiv und voll ist. Man identifiziert $\mathfrak{C}$ mit seinem Bild unter diesen Funktor, dann ist $\mathfrak{C}_\oplus$ eine halbadditive Erweiterung von $\mathfrak{C}$. Man vermeide den Fehlschluß, daß in $\mathfrak{C}$ nur eine Addition möglich ist, da $\mathfrak{C} \subset \mathfrak{C}_\oplus$ ist; die Komposition in $\mathfrak{C}_\oplus$ ist von der Addition in $\mathfrak{C}$ abhängig.

8.4. $\mathfrak{C}$ sei eine halbadditive Kategorie, + die (eindeutig bestimmte und kommutative und assoziative) H-Struktur in Hom. Ist + eine G-Struktur, so heißt $\mathfrak{C}$ additive Kategorie.

Über halbadditiv hinaus braucht man also nur die Existenz Negativer in den Hom (A,B) oder einer Inversion Hom $\longrightarrow$ Hom zu + nachzuprüfen. Dazu genügt:

Satz 8.4.1. Ist $\mathfrak{C}$ halbadditiv und existiert zu jedem $1_A \in$ Hom (A,A) (jedes $A \in |\mathfrak{C}|$) ein negatives (-1_A) mit $1_A + (-1_A) = 0_{AA}$, so ist $\mathfrak{C}$ additiv.

Beweis: Zu $f : A \longrightarrow B$ ist $f(-1_A)$ negativ : $f + (f(-1_A)) = f(1_A + (-1_A)) = f\,0_{AA} = 0_{BA}$. Da + kommutativ ist, ist $f(-1_A)$ auch linksnegativ zu f und einziges negatives.

Wir schreiben -f etc.. $f \longmapsto -f$ definiert eine Inversion Hom $\longrightarrow$ Hom zu + (Natürlichkeit: 7.6.12).

8.4.1. Verzichtet man auf Summen in $\mathfrak{C}$, so verliert man gleichzeitig die Eindeutigkeit (Kommutativität und Assoziativität) von + und muß + in die Daten mit aufnehmen: Ist $\mathfrak{C}$ Kategorie mit Nullmorphismen und + eine kommutative G-Struktur in Hom, also jedes (Hom (A,B),+) abelsche Gruppe und $f(g + h)k = fgk + fhk$, so heißt $(\mathfrak{C},+)$ eine präadditive Kategorie.

8.4.2. Beispiele: AbMo ist halbadditiv, Ab ist additiv. Schwierigere Beispiele, wie die Stabile Homotopiekategorie (Puppe [31], [32]) zeigen den Wert der allgemeinen Überlegungen, die im Einzelfall Eindeutigkeit, Assoziativität, Kommutativität ohne Nachprüfen liefern.

8.5. Funktoren (halb)additiver Kategorien sollen Ringhomomorphismen entsprechen. Sind $\mathfrak{C}$, $\mathfrak{D}$ halbadditive Kategorien, so heißt ein Funktor $F : \mathfrak{C} \longrightarrow \mathfrak{D}$ additiv, wenn

(Add F1) $T0 = 0$,

(Add F2) $T(f + g) = Tf + Tg$ ist.

Ist $\mathfrak{D}$ additiv, so kann man $T0 = 0$ aus $T(f + g) = Tf + Tg$ folgern.

Satz 8.5.1. Sind $\mathfrak{C}$, $\mathfrak{D}$ halbadditiv und ist $F : \mathfrak{C} \longrightarrow \mathfrak{D}$ additiv, so gilt: $T(A \oplus B) = TA \oplus TB$, $T(f \oplus g) = Tf \oplus Tg$. Hat $\mathfrak{C}$ ein Nullobjekt N, so ist TN ein Nullobjekt in $\mathfrak{D}$.

Beweis: Für

$$A_1 \underset{p_1}{\overset{i_1}{\rightleftarrows}} A \underset{p_2}{\overset{i_2}{\leftrightarrows}} A_2$$

mit $p_\nu i_\mu = \delta_{\nu\mu}$ und $i_1 p_1 + i_2 p_2 = 1_A$ ist $(Tp_\nu)\,(Ti_\mu) = \delta_{\nu\mu}$ und $(Ti_1)\,(Tp_1) + (Ti_2)\,(Tp_2) = 1_{TA}$, falls T kovariant ist. Sonst dualisiere man. Daraus schließt man $T(f \oplus g) = Tf \oplus Tg$. Ist N Nullobjekt von $\mathfrak{C}$, so $1_N = 0_{NN}$, also $1_{TN} = T1_N = T0_{NN} = 0_{TNTN}$ und TN Nullobjekt in $\mathfrak{D}$.

8.5.2. Ein Beispiel für einen nichtadditiven Funktor $Ab \longrightarrow Ab$ ist $A \longmapsto A \otimes A$, $f \longmapsto f \otimes f$ mit dem Tensorprodukt $\otimes$; man hat bekanntlich $(A \oplus B) \otimes (A \oplus B) = (A \otimes A) \oplus (A \otimes B) \oplus (B \otimes A) \oplus (B \otimes B)$.

Im Gegensatz dazu gilt:

Satz 8.5.3. Sind $\mathfrak{C}$, $\mathfrak{D}$ halbadditiv und ist $F : \mathfrak{C} \longrightarrow \mathfrak{D}$ eine Äquivalenz in $Fun(\mathfrak{C},\mathfrak{D})$, so ist F additiv.

Zum Beweis überlegt man, daß man durch $f +' g := F^{-1}(Ff + Fg)$ eine H-Struktur auf $\mathfrak{C}$ bekommt, die nach 8.1.1 mit der ursprünglichen (+) übereinstimmen muß. Dann ist $F(f + g) = F(f +' g) = Ff + Fg$.

Für 8.5.3 ist die Existenz von Summen (Produkten, Coprodukten) notwendig: $1 : \mathbb{Z}_2 \longrightarrow \mathbb{Z}_2$ definiert eine Äquivalenz $(\mathbb{Z}_2,\cdot) \longrightarrow (\mathbb{Z}_2,\cdot)$, die die verschiedenen Additionen von 8.1.5 nicht respektiert.

Als weniger triviales Beispiel betrachte man die beiden Ringe $\mathbb{Z}$ und $\mathbb{Z}[x]$ (Polynomring), deren multiplikative Monoide (Kategorien) äquivalent sind, da in beiden Ringen die eindeutige Primelementzerlegung gilt, beide abzählbar viele Primelemente haben und beide nur die Einheiten ± 1 haben. Es existiert kein Ringisomorphismus $\mathbb{Z} \longrightarrow \mathbb{Z}[x]$, da $\mathbb{Z}$ Hauptidealring ist, nicht jedoch $\mathbb{Z}[x]$.

Fußnoten

1) In der Literatur häufig auch $\varkappa(f,g) =: fg$ für g nach f. Es ist noch nicht klar, welche Bezeichnung sich durchsetzen wird.

2) Andere übliche Bezeichnungen : $M(A,B)$, $Mor_{\mathfrak{C}}(A,B)$, $Mor(A,B)$, $Hom_{\mathfrak{C}}(A,B)$, $Hom(A,B)$, $hom(A,B)$ und (A,B) (neuerdings bei Freyd [14]).

3) Man beachte: Gegenstände der Theorie sind die unter a - d genannten Zeichen (darunter die lateinischen Buchstaben), und die daraus gebildeten Zeichenreihen. Zur Bezeichnung solcher Gegenstände, die nicht explizit hingeschrieben werden, verwenden wir vorzugsweise griechische Buchstaben in demselben Sinne wie sonst in der Mathematik Buchstaben für Zahlen, Funktionen usw. verwendet werden.

4) Wir führen später Terme ein, die keine Buchstaben zu sein brauchen. Man unterscheide daher schon hier zwischen Termen und Buchstaben.

5) $\{\alpha,\beta\}$: Sind ξ, μ, ξ', μ' Buchstaben, die in α, β nicht vorkommen, und ist ξ verschieden von μ, ξ' verschieden von μ', so bezeichnen $\tau_{\mu} \wedge_{\xi}(\xi \in \mu \Leftrightarrow \xi = \alpha$ oder $\xi = \beta)$ und $\tau_{\mu'} \wedge_{\xi'}(\xi' \in \mu' \Leftrightarrow \xi' = \alpha$ oder $\xi' = \beta)$ denselben Term. Dieser Term wird mit $\{\alpha,\beta\}$ abgekürzt.
Analog für $\mathfrak{P}\varphi$, $\cup\varphi$.

6) Hinweis: Bourbaki [1; p6], [2; 4.4], Zermelo [38], Sonner [34; pp. 174-175], Shephardson [33], Tarski [36], Montague-Vaught [28].

7) Für die Theorie einer Kategorie braucht man die starke Mengenlehre nicht, sondern erst, wenn man konkrete Kategorien konstruieren will (Me_U etc.).

8) Um dies überhaupt formulieren zu können, nehmen wir an, $\mathfrak{T}$ sei eine formale logische Theorie mit Gleichheitszeichen.

9) Diese Bezeichnungen sind wie viele später eingeführte Abkürzungen streng genommen nicht konsistent mit den Bezeichnungen der Mengenlehre. Wegen ihrer Suggestivkraft werden sie trotzdem verwandt, da im allgemeinen keine Mißverständnisse auftreten.

10) $e \longleftarrow e'$ soll natürlich dasselbe wie $e' \longrightarrow e$ bedeuten.

11) Bei stillschweigender Annahme $|\mathfrak{C}| \cap Mor_{\mathfrak{C}} = \emptyset$.

12) monomorph auch injektiv, monic; epimorph auch surjektiv, epic; bimorph auch bijektiv, was man nicht mit isomorph = umkehrbar (Äquivalenz) verwechsle. Links kürzbar für hinten kürzbar ist nicht zweckmäßig, da sich noch keine einheitliche Schreibweise für die Komposition durchgesetzt hat: In vielen (vor allem russischen Arbeiten) findet man fg für unser gf ($Zf = Qg$).

13) Unterobjekt. Wir ziehen die Bezeichnung Teil vor, da die Teile keine Objekte sondern Morphismen (bei Auswahl) oder Äquivalenzklassen von Morphismen sind. In den konkreten Beispielkategorien vernachlässigt man oft die einbettende Abbildung; das führt allerdings manchmal zu Schwierigkeiten.

14) Vorsicht bei A = B (Man vergleiche 7.10.4.2).

15) Will man „leere Monoide" ausschließen, so geht man in PuMe. Bei multiplikativer Schreibweise sagt man meist Einheit statt Neutrales.

16) Statt „Summe" oft „direkte Summe". Diese Bezeichnung wird auch für Coprodukte benutzt als Gegensatz zu Produkt = direktes Produkt. Eckmann-Hilton [10] benutzen direktes und inverses Produkt für Produkt und Coprodukt. Der Sprachgebrauch ist nicht einheitlich.

17) Injektive Funktoren sind nicht treue Funktoren: ein Funktor $F : \mathfrak{C} \longrightarrow \mathfrak{D}$ heißt treu, wenn für je zwei $A, B \in |\mathfrak{C}|$ gilt „$f, g \in \mathfrak{C}(A,B)$ und $Ff = Fg \Rightarrow f = g$". Daraus folgt nicht „$Fe = Fe' \Rightarrow e = e'$" für Einheiten, was in injektiv enthalten ist.

18) Die später einzuführenden Begriffe monomorph, epimorph, bimorph werden häufig mit injektiv, surjektiv, bijektiv bezeichnet. Ein einheitlicher Sprachgebrauch hat sich noch nicht durchgesetzt. 4.1.1 Beispiel 1(2) besagt, daß $f : X \longrightarrow Y$ (zwischen Mengen) injektiv (surjektiv) ist, genau wenn monomorph (epimorph) in jeder Kategorie von Mengen, die alle Abbildungen zwischen allen Mengen eines Universums enthält, dessen Elemente X und Y sind. Satz 3.1.2 besagt, daß ein bijektives f in jeder solchen Kategorie eine Äquivalenz ist.

19) Diese Behauptung kann man unter Benutzung der sogenannten „freien Produkte mit vereinigter Untergruppe" beweisen. - vgl. W. Specht. Gruppentheorie. Grundlehren der Mathematischen Wissenschaften Bd. 82, Springer Berlin.

Literatur

Die Transkription der russischen Namen ist die der Mathematical Reviews.

[1] N. Bourbaki, Foundations of Mathematics for the Working Mathematician, J. Symb. Log. 14 (1949).

[2] N. Bourbaki, Description de la Mathématique Formelle, (Théorie des Ensembles, chap. I), Paris 1960.

[3] N. Bourbaki, Théorie des Ensembles, chap. II, Paris 1960.

[4] N. Bourbaki, Topologie Générale, chap. I, 1. Auflage, Paris 1940.

[5] N. Bourbaki, Topologie Générale, chap. I, 2. Auflage, Paris 1951.

[6] D. A. Buchsbaum, Exact Categories and Duality, Trans. A. M. S. 80 (1955).

\- D. A. Buchsbaum, Exact Categories, Anhang zu [8].

[7] I. E. Burmistrovič, Einbettung einer additiven Kategorie in eine Kategorie mit direkten Produkten (russisch), Dokl. Akad. N. USSR 132 (196); englisch: Soviet Math. 1 (1960).

[8] H. Cartan (mit S. Eilenberg), Homological Algebra, Princeton 1956.

[9] C. Chevalley (mit P. Gabriel), Catégories et Foncteurs, im Erscheinen.

[10] B. Eckmann (mit P.J. Hilton), Group-Like Structures in General Categories I (Multiplications and Comultiplications), Math. Annalen 145 (1962).

[11] B. Eckmann (mit P.J. Hilton), Structure Maps in Group Theory, Fund. Math. 50 (1961 - 1962).

[12] S. Eilenberg (mit S. Mac Lane), General Theory of Natural Equivalences, Trans. A.M.S. 58 (1945).

[13] S. Eilenberg (mit N.E. Steenrod), Foundations of Algebraic Topology, Princeton 1952.

- S. Eilenberg, siehe [8].

[14] P. Freyd, Abelian Categories, Herper and Row 1964.

[15] P. Gabriel, Des Catégories Abeliennes, Bull. Soc. Math. France 90 (1962).

- P. Gabriel, siehe [9].

[16] R. Godement, Cours d'Algebre, Paris 1963.

[17] A. Grothendieck, Sur quelques Points d'Algebre Homologique, Tohoku Math. J. 9 (1957).

[18] P. R. Halmos, Naive Set Theory, Van Nostrand 1960.

[19] P. J. Hilton, The Fundamental Group as a Functor, Bull. Soc. Math. Belgique 14 (1962).

[20] P. J. Hilton (mit W. Ledermann), Homology and Ringoids I - III, Proc. Cambridge Phil. Soc. 54 - 56 (1958 - 1960).

- P. J. Hilton, siehe [10].

- P. J. Hilton, siehe [11].

[21] F. Hirzebruch, Topologie I, Vorlesungsausarbeitung, Bonn 1961.

[22] S. T. Hu, Homotopy Theory, New York and London 1959.

[23] H.-J. Kowalski, Kategorien topologischer Räume, Math. Zeitschr. 77 (1961).

[24] A. G. Kuroš (mit A.H. Livšic und E.G. Šul'geifer), Grundzüge der Theorie der Kategorien (russisch), Usp. Matem. Nauk 15 (Heft 6, 1960); deutsch: Zur Theorie der Kategorien, Berlin 1963; englisch: Russ. Math. Surv. 15 (1960).

- W. Ledermann, siehe [20].

- A.H. Livšic, siehe [24].

[25] S. Mac Lane, Duality for Groups, Bull. A.M.S. 56 (1950), p. 485.

[26] S. Mac Lane, Homology, Berlin - Göttingen - Heidelberg 1963.

[27] S. Mac Lane, Categorical Algebra, Bull. A.M.S. 71 (1965), p. 40.

- S. Mac Lane, siehe [12].

[28] R. Montague (mit R. L. Vaught), Natural Models of Set Theories, Fund. Math. 47 (1959).

[29] L. S. Pontryagin, Topologische Gruppen; englisch: Princeton 1939, deutsch: Teubner, Leipzig 1957 und 1958.

[30] D. Puppe, Homotopiemengen und ihre induzierten Abbildungen I, Math. Zeitschrift 69 (1958).

[31] D. Puppe, On the Formal Structure of Stable Homotopy Theory, Coll. on Algebraic Topology, Aarhus 1962 (vervielfältigt).

[32] D. Puppe, Stabile Homotopietheorie I, erscheint demnächst in den Mathematischen Annalen.

- E. G. Šul'geifer, siehe [24].

[33] J. C. Shephardson, Inner Models for Set Theory I, J. Symb. Log. 16 (1951).

[34] J. Sonner, On the Formal Definition of Categories, Math. Zeitschrift 80 (1962).

- N. E. Steenrod, siehe [13].

[35] A. Tarski, Über unerreichbare Kardinalzahlen, Fund. Math. 30 (1938).

[36] A. Tarski, Notions of Proper Models for Set Theory, Bull. A.M.S. 62 (1956), p. 601.

- R. L. Vaught, siehe [28].

[37] J. H. C. Whitehead, Note on a Theorem due to Borsuk, Bull. A.M.S. 54 (1948), p. 1125.

[38] E. Zermelo, Über Grenzzahlen und Mengenbereiche, Fund. Math. 16 (1930).

[39] Unter dem Titel „Abelsche Kategorien" erscheint eine Fortsetzung.